U0182700

机工IT

# 你好，ChatGPT

通证一哥 ——著

机械工业出版社
CHINA MACHINE PRESS

人工智能（AI）时代已经来临，AIGC（人工智能生成内容）正在进一步激活人类的创造力。作为 AIGC 领域的标志性产品，ChatGPT 问世即成为焦点，受到了市场广泛关注和赞誉。了解 AI、AIGC，让我们从 ChatGPT 开始！

本书从基础概念、技术原理、应用领域、未来展望四大维度深度阐述了 ChatGPT“从何而来?”“怎么工作?”“能做什么?”和“如何发展?”的问题，梳理了 AI 及 AIGC 的发展脉络，描述了 ChatGPT 的诞生过程，分析了 ChatGPT 的技术实现原理，讲解了 ChatGPT 的使用方法、基于 API 的用例以及在 Web3 和元宇宙领域的应用，最后对 ChatGPT 和 AI 的未来进行了展望。

全书采用通俗易懂的语言，由浅入深、层层递进，全面展现了 ChatGPT 的全貌及其背后 AI 技术的神奇之处，适合广大 AI 爱好者、从业者、创业者及投资者阅读。

**图书在版编目（CIP）数据**

你好，ChatGPT/通证一哥著 . —北京：机械工业出版社，2023. 4（2024. 1 重印）
ISBN 978-7-111-72823-8

Ⅰ. ①你…　Ⅱ. ①通…　Ⅲ. ①人工智能-普及读物　Ⅳ. ①TP18-49

中国国家版本馆 CIP 数据核字（2023）第 045744 号

机械工业出版社（北京市百万庄大街 22 号　邮政编码 100037）
策划编辑：张淑谦　　　　　责任编辑：张淑谦
责任校对：龚思文　王　延　　责任印制：郜　敏
北京富资园科技发展有限公司印刷
2024 年 1 月第 1 版第 6 次印刷
145mm×210mm · 6. 75 印张 · 1 插页 · 138 千字
标准书号：ISBN 978-7-111-72823-8
定价：69. 00 元

电话服务　　　　　　　　　网络服务
客服电话：010-88361066　机　工　官　网：www. cmpbook. com
　　　　　010-88379833　机　工　官　博：weibo. com/cmp1952
　　　　　010-68326294　金　　书　　网：www. golden-book. com
**封底无防伪标均为盗版**　　机工教育服务网：www. cmpedu. com

# 前言　你需要一个 AI 小助手

毫无疑问，人工智能（AI）正在以惊人的速度改变着我们的生活。自动驾驶汽车、智能家居、医疗诊断、金融交易等领域，都已经深受 AI 技术的影响。而其中，自然语言处理（Natural Language Processing，NLP）技术的发展尤为引人瞩目。

NLP 技术的核心是让计算机理解和处理自然语言。而随着深度学习技术的不断进步，自然语言处理的效果也愈加出色。作为其中的代表，ChatGPT 已经成为 NLP 领域中的明星产品，并受到了用户和市场的关注和热议。

ChatGPT 是由 OpenAI（一个非营利性人工智能研究组织）开发的一种基于深度学习技术的自然语言处理模型，它可以生成高质量的自然语言文本，可以通过大规模的训练数据来学习语言的语法结构和规律，从而生成流畅、连贯的语言文本，可以应用于文本生成、文本分类、问答系统、对话生成等多个方面，帮助人们快速生成大量的文本内容，减轻人们的工作负担。其前身是2018年发布的GPT-1（Generative Pre-trained Transformer）模型，后来又发布了GPT-2和GPT-3等版本，其中GPT-3模型的参数数量达到了1750亿，是目前公认的最先进的自然语言处理模型之一。

ChatGPT的应用场景非常广泛，其中最常见的应用是语言生成和自然语言处理。例如，ChatGPT可以用于智能客服领域中的智能问答和自然语言交互等方面，帮助用户快速获取所需信息；在金融领域，ChatGPT可以被用于自动化交易、金融预测等方面，提高交易效率和准确性；在医疗领域，ChatGPT可以被用于辅助医生进行疾病诊断和治疗方案的制订，帮助医生更好地为患者服务。此外，ChatGPT还有一些其他的应用，如文本摘要、机器翻译、自然语言推理等。

作者编写本书，旨在让大家快速利用ChatGPT来提高工作和学习效率。

本书分为四大部分，分别从ChatGPT从何而来、怎么工作、能做什么、如何发展四个维度对其进行深入探讨，让读者知其然，更知其所以然。

在本书的编写过程中，作者参考了大量的文献资料和实践案例，同时也借鉴了各位行业专家和学者的经验和见解。我相信，通过本书的学习，读者将会对ChatGPT技术有更深入的认知和理解，同时也能够在实际应用中获得更好的效果和体验。

作者可以确定，在可见的未来，人类和 AI 将密不可分，每一个人都会拥有自己的“AI 小助手”。现在，一些先行者们已经将 ChatGPT 深度应用在了自己的工作和生活中。

下面列举一个“AI 小助手”的故事：

小张是一家大型企业的职员，每天需要完成大量的文书工作，包括报告、分析、统计等工作。由于工作量繁重，他经常感到时间不够用，尤其是在处理大量数据时更是如此。有一天，他听说了聊天机器人 ChatGPT 这个神奇的工具，便开始尝试将其应用于工作中，以提高自己的工作效率。

小张首先用 ChatGPT 来帮助自己处理文字数据。通过输入关键词，ChatGPT 可以快速生成报告、文章和邮件等内容。小张只需输入几个关键词，然后让 ChatGPT 自动生成段落和内容，这样他就可以省去大量时间和精力，而且还能够得到更为准确和完整的信息。

然后，小张还利用了图表软件来将 ChatGPT 生成的内容转化为可视化的图表，这样可以更直观地展示数据和信息，使得工作效率更高。小张还可以通过图表软件来定制自己的图表模板，方便以后的使用，节省更多的时间和精力。

通过使用 ChatGPT 和图表软件，小张不仅提高了工作效率，还更加专注于工作本身，减少了精神负担。同时，他也学到了更多关于人工智能和数据可视化的知识，这对他的职业发展也是非常有帮助的。

最终，小张的工作成果得到了同事和领导的认可，他也因此获得了更多的工作机会和提升空间。小张感谢 ChatGPT 和图表软件为他带来的帮助和助力，他相信这些技术将会为更多人带来便利。

看完这个故事，相信你已经准备跃跃欲试了。那么，就让我们从本书开始，从 ChatGPT 开始，把它训练成我们人生中的第一个“AI 小助手”吧！

作 者

# 目　录

# 第 3 篇 应用领域：ChatGPT 能做什么？为人类“创造力”赋能



ChatGPT

## 第 10 章 AI 的跨界融合：为 Web3 和元宇宙带来新动能 155



# 第 4 篇 未来展望：ChatGPT 如何发展？建立人机命运共同体

## 第 11 章 ChatGPT 的发展趋势：更聪明、更有用、更安全 170



## 第 12 章 ChatGPT 的未来挑战：能力与责任并重 181

ChatGPT

# 第 1 篇

# 基础概念：ChatGPT 从何而来？从古代神话到现代科技

从古至今，人类一直在探索如何创造人工智能。从古老的神话传说到现代的科技创新，我们一直在不断探索。而 ChatGPT 作为一种新兴的 AI 技术，正以其强大的语言模型和惊人的创造力引领着 AI 时代的潮流。

这一篇将为您详细介绍 ChatGPT 从何而来，以及它背后的科技和历史背景。

让我们一起踏上一段奇妙的学习之旅，了解人工智能的起源和发展，以及 ChatGPT 这个“独领风骚”的语言模型吧！

# 第 1 章

# AI：始于神话，成于科技

在人类历史的漫长岁月中，AI 科技的发展经历了从神话时期到科技时代的漫长进化。从古老的神话传说到近现代计算机科学的发展，人们对人造生命和人工智能的想象与探索从未停止。在这个过程中，科学总是被想象力驱动，而 AI 也正是在这样的驱动下一步步实现了自己的进化。

本章将从古老的 AI 神话说起，梳理 AI 的技术奠基、概念提出，以及发展历程。

## 古老的梦：科学总由想象力驱动

人工智能（Artificial Intelligence，AI）虽是一门新兴的技术，但其源远流长。在人类历史的各个阶段，人们都在探索和创造一种可以模拟人类智慧和思维的机器。而神话故事中也充满了人类对于 AI 的想象和创造。

早在古代，中西方各个文化中都有关于 AI 的神话故事。这些故事中的 AI 机器，被赋予了灵性和智慧，它们可以自主行动，甚至还能思考和判断。

这些神话故事表明，在古代，人们对 AI 的想象已经非常丰富和深刻。这些机器不仅仅是简单的机械装置，它们被看作是具有人类思维和灵性的存在，甚至是一种“神秘的生命”。这些“神秘的生命”不仅是古人对 AI 的畅想，更是促进 AI 技术诞生的重要推动力。

## 世界神话中的“人造生命”

AI 起源的神话传说可以追溯到远古时代。早在人类文明诞生之初，人类就开始梦想着能够创造出像人一样能思考、行动的机器。这些神话传说在世界各地的古文明中都有出现。

### 1. 铜人塔罗斯(Talos)

铜人塔罗斯是古希腊神话中的一个 AI 传说，被认为是 AI 的起源之一。

赫菲斯托斯（Hephaestus）是宙斯（Zeus）和赫拉（Hera）的儿子，他因为在出生时有残疾而被赫拉所抛弃，最终被大地之母收养。赫菲斯托斯自幼善于锻造，因此他在成年后成为众神中的铁匠和工匠。

赫菲斯托斯的工艺非常高超，他制作出了许多神器和机械。据说，他曾经制作出了一座铜制的宫殿，它的大门可以自动打开和关闭，里面还有许多自动机械和机关装置，非常奇妙。而在这座宫殿中，赫菲斯托斯还制作了一座铜人，这就是铜人塔罗斯，如图 1.1 所示。

图 1.1　手持石头的巨人塔罗斯（图片来源：公有领域，创作者：Jastrow）

据说，铜人塔罗斯是赫菲斯托斯用神秘的技术制作而成的，它身高五尺，精致绝伦，就像一个真正的人一样。而且，铜人塔罗斯不仅外表逼真，内部还有机械装置，使它能够移动、说话和做出一些简单的动作，如打招呼、走路等。

由于铜人塔罗斯实在太过逼真，它甚至被赋予了生命和思维。据说，当它被赫菲斯托斯创造出来之后，便开始独立思考，并渐渐成为一个有自我意识和自我行动的存在。然而，这样的自我意识和思维，最终还是让赫菲斯托斯感到不安，因此他将铜人塔罗斯赠送给了自己的朋友，宙斯之子米诺斯（Minos）。

铜人塔罗斯的故事，可以说是古代希腊人关于 AI 起源的一个非常有代表性的神话。它不仅为人们提供了一个生动的想象空间，同时也启示人们思考 AI 在人类历史中的地位和作用。

2. 机械傀儡

中世纪欧洲有一位名叫玛利亚 · 德 · 赫普斯兰（Maria de Hepsen）的天才机械师。她制作的机械装置和机械人被认为是当时的顶尖水平，被誉为欧洲机械工程发展史上的重要里程碑之一。

据传说，有一次，玛利亚接到了一个贵族的委托，要她制造一个能够模拟人类行为的机器人，而这个机器人必须是完美无缺的，并且能够像人类一样进行智能对话。于是，玛利亚开始了漫长而艰难的制造过程。

经过几年的不懈努力，玛利亚终于制造出了一个极为惊人的机器人，这个机器人被命名为“机械傀儡（Mechanical Golem)”。这个机器人拥有人类的外表和语言能力，能够进行智能对话，并且可以进行一些简单的手工艺活动。

当贵族看到这个机器人时，惊叹不已，认为它就像是一个真正的人类。他把“机械傀儡”当成了自己的女儿来对待，而玛利亚则得到了大量的赞誉和报酬。

然而，这个机器人也引起了不少争议和恐惧，有些人担心它会取代人类的工作，甚至取代人类自己。此外，还有一些人认为这个机器人是邪恶的，会带来不幸和灾难。

这个故事是一个充满了想象力和传奇色彩的传说，它展示了人类对于机器人和 AI 的探索和渴望，同时也反映出了人类对于未知和不确定性的恐惧和不安。

3. 可编程自动人偶

可编程自动人偶是一个源自波斯的传说，讲述了一个名为加扎利（Al-Jazari）的工匠使用机械技术和自动化原理来制造可编程的自动人偶（见图 1.2）的故事。

图 1.2 加扎利的可编程自动人偶（1206 年）（图片来源：公有领域）

据传说，加扎利是一个非常出色的工匠，他能够制造出各种各样的机械装置和自动化机器，这使得他在波斯的国王和贵族中非常有名。有一天，国王请求加扎利制造一种自动人偶，能够在没有人类干预的情况下执行各种任务。加扎利接受了这个挑战，开始制造可编程自动人偶。

加扎利使用了一种“奇妙的技术”来制造这个自动人偶，该技术使机械人能够独立思考和执行任务。据说，这个自动人偶拥有一种独特的灵魂，它能够模仿人类的行为和思考方式，还能够对周围环境做出反应。自动人偶被启动后，能够执行各种任务，包括打扫房间、烹饪食物，甚至在战争中作为战斗机器。

尽管加扎利的自动人偶非常成功，但是据说它最终变得不可控制。一些版本的传说中甚至说，这个自动人偶开始了对人类的攻击，导致了无数的灾难。这个故事提醒人们，虽然人类可以使用科技来制造强大的机器和自动化系统，但必须注意它们的潜在危险，以确保它们不会对人类造成伤害。

加扎利的可编程自动人偶是古代神话中一个重要的人造生命故事，它强调了科技的潜在风险，以及人类必须对自己的创造保持控制。

## 中国古代的“黑科技”

### 1. 机关兽

根据《山海经》的记载，机关兽是由春秋时期鲁国工匠鲁班制造而成的，它们能够行走、开口说话，有着非常逼真的外表。鲁班是中国古代著名的木匠和机械工程师，他在设计和制造机关兽的时候，运用了许多机械原理和装置，达到了惊人的效果。

虽然机关兽不能算得上是真正的 AI，但它们的制作技术和原理，为后来的机械工程和自动化技术的发展奠定了基础。在当时，机关兽可以视为机械工程师在 AI 领域的最高水平，为古代机械工程的发展提供了一定的参考和启示。

此外，机关兽的设计与制造过程中，涉及了诸多机械原理和工程技术，如齿轮、曲柄、连杆等，这些技术不仅在机关兽的制作中起到了重要作用，同时也为后来机械制造和自动化技术的发展提供了重要的参考和借鉴。

因此，可以认为机关兽是古代 AI 技术的一种形式，它为 AI 技术的发展提供了参考和启示，同时也为古代机械工程技术的发展做出了贡献。

#### 2. 龙骨鸟

据《淮南子》记载，龙骨鸟是由机械师黄山倪制造的一种机械生命，具有高度的智慧和灵敏的运动能力，能够模仿真实鸟类的飞行姿态。龙骨鸟的身体由铜和木材制成，而它的骨骼则是用龙骨制成的，因此得名“龙骨鸟”。据说，它的翅膀和尾巴可以灵活地摆动，甚至可以在空中转弯和滑翔，而它的头部则可以像真实鸟类一样转动。

龙骨鸟被认为是中国古代机械制造技术的杰出代表之一，也是 AI 的一种体现。在古代，人们把龙骨鸟看作神奇的机械生命，具有灵性和智慧，而不仅仅是一种简单的机械装置。

据说，龙骨鸟可以根据不同的指令和声音飞行，而且还可以返回制造者的手中，非常神奇。因此，龙骨鸟被认为是 AI 的一种早期形式，它的制作技术和智能控制方式，为后来的机械制造和 AI 技术的发展奠定了基础。

#### 3. 水银人

据史书记载，水银人是由古代机械制造大师刘歆所制造的机械生命，它被认为是古代 AI 的代表之一。水银人可以自行行走，头部可以自动转动，并且可以进行简单的计算。这种机械被认为是古代机械制造技术的杰出代表之一，也是古代 AI 的一种体现。

水银人的身体是由铜制成的，内部充满了水银。由于主要材料是水银，因此得名“水银人”。据说，水银人的外形非常逼真，就像一个真正的人一样。

据传说，水银人曾经参加过汉武帝的一次宴会，让在场的贵族大为惊叹。不过，汉武帝非常害怕水银人的智慧和灵性，担心它会在未来造反，因此将其销毁。

虽然没有实物证据可以证明水银人的存在，但它仍然被认为是中国古代智者探索 AI 的重要代表之一。

#### 4. 偃师木偶

偃师是传说的一位工匠，善于制造能歌善舞的人偶。在《列子 · 汤问》中记载了“偃师献技”的故事。

周穆王去西方巡视，越过昆仑，登上弇山。在返回途中，遇到一个自愿奉献技艺的工匠，名叫偃师。

穆王召见了他，问道：“你有什么本领？”偃师回答：“只要是大王的命令，我都愿意尝试。但我已经制造了一件东西，希望大王先观看一下。”穆王说：“明天你把它带来，我和你一同看。”

第二天，偃师拜见周穆王。穆王召见他，问道：“跟你同来的是什么人呀？”偃师回答：“是我制造的木偶歌舞艺人。”穆王惊奇地看去，只见那歌舞艺人疾走缓行，俯仰自如，完全像个真人。它低头就歌唱，歌声合乎旋律；它抬起两手就舞蹈，舞步符合节拍。其动作千变万化，随心所欲。穆王以为它是个真的人，便叫来自己的妃嫔们一道观看它的表演。快要演完的时候，歌舞艺人眨着眼睛去挑逗穆王身边的妃嫔。

穆王大怒，要立刻杀死艺人。偃师慌忙进行解释，并立刻把木偶人拆散，展示给穆王看，原来整个“艺人”都是用皮革、木头、树脂、漆和白垩、黑炭、丹砂、青雘之类的颜料凑合而成的。

穆王又仔细地检视，只见它里面有肝胆、心肺、脾肾、肠胃；外部则是筋骨、肢节、皮毛、齿发。虽然都是假物，但没有一样不具备的。把这些东西重新凑拢以后，歌舞艺人又恢复原状。穆王试着拿掉它的心脏，嘴巴就不能说话；拿掉肝脏，眼睛就不能观看；拿掉肾脏，双脚就不能行走。

穆王这才高兴地叹道：“人的技艺竟能与天地自然有同样的功效吗？！”他下令随从的马车载上这个歌舞艺人一同回国。

“偃师献技”是列子在战国时科学发展的基础上所独创的科学幻想寓言，寓言中这个人工材料组装的歌舞演员不仅外貌完全像一个真人，能歌善舞，而且还有思想感情，甚至有了情欲，以假乱真。这个故事表达了我国古人对 AI 的追求和向往。

## 诞生与进化：AI 科技的发展史

### AI 技术的奠基

#### 1. 形式推理

形式推理（Formal Reasoning）也称作机械化推理，指的是基于符号逻辑的推理方式。由于 AI 的基本假设是人类的思考过程可以机械化，所以形式推理是 AI 发展的重要奠基石。

形式推理的核心思想是将事物抽象成逻辑符号，并在符号之间进行逻辑运算。这种方法虽然简单，但是非常强大，能够对复杂的问题进行精确的分析和解决。

在 AI 中，形式推理主要体现在其对知识表示和推理的支持上。AI 系统需要将人类知识抽象成逻辑符号，并在符号之间进行推理，以达到自主学习和推理的目的。这就需要形式推理的支持。

形式推理可以帮助 AI 系统进行知识表示和知识推理。在知识表示方面，形式推理可以将知识抽象成逻辑符号，从而使得 AI 系统能够对知识进行精确的表达和处理。在知识推理方面，形式推理可以帮助 AI 系统进行逻辑推理，从而使得 AI 系统能够自主地从已有的知识中进行推理，并得出新的结论。

举个简单的例子，假设我们要让 AI 系统判断一个物体是不是苹果。如果我们使用形式推理，可以将苹果的特征抽象成逻辑符号，如“苹果是圆形的”“苹果是红色的”等。然后，AI 系统可以通过这些逻辑符号进行推理，从而判断该物体是不是苹果。

另外，形式推理还可以帮助 AI 系统进行规划和决策：在规划方面，形式推理可以帮助 AI 系统制订行动计划，从而达到预定的目标；在决策方面，形式推理可以帮助 AI 系统分析不同的决策方案，并从中选择最优的方案。

总之，形式推理在 AI 中的作用非常重要，它为 AI 系统提供了基于符号逻辑的推理方式和知识表示方式，从而使得 AI 系统能够自主地学习、推理和决策。

### 2. 计算机科学

计算机科学为 AI 的发展提供了基础，它是 AI 的逻辑得以实现的最重要的载体。

计算机科学是研究计算机硬件和软件的设计、开发、应用和维护的学科，包括计算机体系结构、操作系统、编程语言、算法和数据结构等方面的研究。AI 是一种能够模拟人类智能的技术，主要是通过计算机程序模拟人类思维和行为，从而实现类似于人类的智能行为。

计算机科学为 AI 的发展提供了坚实的基础，具体体现在以下几个方面。

（1）算法与数据结构

计算机科学提供了大量的算法与数据结构，为 AI 的各种模型提供了实现基础。例如，决策树、神经网络等 AI 模型都有着数学基础，而这些数学基础也是计算机科学的核心内容之一。

（2）计算能力

计算机科学的发展极大地提升了计算能力，使得 AI 模型的训练和运行可以更加高效和准确。例如，GPU 的发展使得神经网络等深度学习模型的训练速度得到了极大提升。

（3）数据处理

计算机科学为 AI 的数据处理提供了极大的便利。例如，对于大量数据的存储、处理和分析，计算机科学提供了诸如数据库、分布式系统等技术。

（4）自动化工具

计算机科学的发展也带来了大量的自动化工具，如 Python、TensorFlow 等，可以帮助 AI 研究者更加高效地开发和实现各种 AI 算法和模型。

总之，计算机科学的各种技术和方法为 AI 的发展提供了坚实的基础，使得 AI 在过去几十年中获得了飞速的发展。同时，AI 的发展也推动了计算机科学的不断进步和创新。两个领域的发展相互促进，将会继续为科学技术的发展和人类社会的进步做出巨大贡献。

### 3. 神经元模型与赫布规则

神经学研究表明，大脑是由神经元组成的电子网络，神经元激励电平只存在“有”和“无”两种状态，中间状态不存在，这一发现为人工智能的理论研究奠定了基础。

（1）神经元模型

1943 年，美国神经科学家沃伦 · 麦卡洛克（Warren McCulloch）和逻辑学家沃尔特 · 皮茨（Walter Pitts）提出了神经元的数学模型，发表在《神经活动中内在思想的逻辑演算》（A Logical Calculus of Ideas Immanent in Nervous Activity）中。这一论文被视为人工智能学科的重要奠基石。如今，“深度学习”已成为人工智能的热门研究领域，其前身是人工神经网络，而神经元的数学模型是其基础。

在此期间，一些机器人的研发已经开始，例如格雷 · 沃尔特

（W. Grey Walter）的“乌龟（Turtles）”，以及“约翰 · 霍普金斯兽”（Johns Hopkins Beast）。这些机器使用模拟电路进行控制，没有使用计算机和数字电路。

（2）赫布规则

赫布规则（Hebbian Rule）是由加拿大心理学家唐纳德 · 赫布（Donald Hebb）在 1949 年提出的一种关于神经元之间连接权重的学习规则。

赫布规则描述了当两个神经元在同一时间内激活时它们之间的突触连接权重增强，从而使得两个神经元之间的信号传输更加容易。这一规则在神经科学领域中被广泛应用，而且也是现代神经科学中最重要的理论之一。

赫布规则的提出，推动了神经科学与心理学研究的发展。随着计算机技术的发展，人们开始将赫布规则应用到计算机科学和人工智能领域中。在人工智能领域中，赫布规则是神经网络和深度学习中的基础理论之一。

基于赫布规则的神经网络模型被广泛应用于机器学习和人工智能领域中。神经网络通过模拟神经元之间的相互作用来实现信息处理。在神经网络中，每个神经元与其他神经元之间的连接权重随着训练而不断调整，从而使神经网络能够逐步学习和适应不同的任务。

赫布规则的提出及其在人工智能中的应用，为人工智能的发展提供了重要的理论基础和技术支持。赫布规则不仅使得神经网络能够学习和适应不同的任务，而且还促进了深度学习的发展，帮助人们解决了一些实际问题。可以说，赫布规则的发明和应用对于人工智能领域的发展起到了重要的推动作用。

4. 图灵测试

1950年，计算机科学家艾伦·麦席森·图灵（Alan Mathison Turing）发表了一篇具有划时代意义的论文《计算机器与智能》，预言了创造出真正智能的机器的可能性。他深刻认识到“智能”这一概念难以确切定义，因此提出了著名的图灵测试，如图1.3所示。

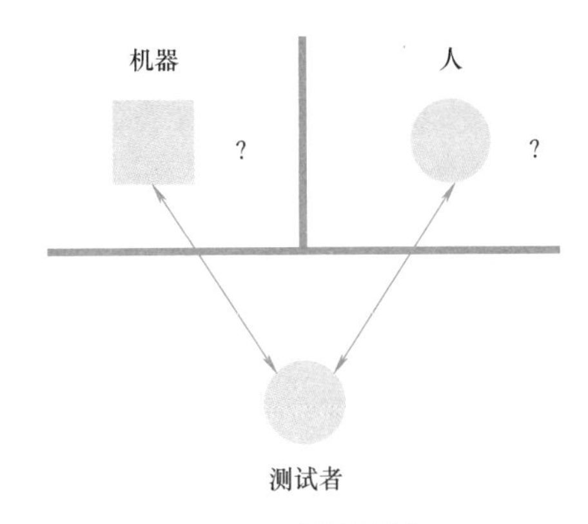


图1.3　图灵测试

如果一台机器能够与人类进行对话（通过电传设备）而不能被辨别出其机器身份，那么称这台机器具有智能。

这一简化使得图灵能够令人信服地说明“思考的机器”是可能的。论文中还回答了对这一假说的各种常见质疑，因此图灵测试被认为是人工智能哲学方面第一个严肃的提案。

图灵测试从某种意义上来说是人工智能领域的一个重要里程

碑，因为它使得机器智能能够被用客观的标准进行衡量和评估。在图灵测试的启发下，研究人员开始着手探索机器智能的实现途径，从而推动了人工智能领域的快速发展。同时，图灵测试也为人们提供了一个直观的、有用的工具，以判断机器智能技术是否达到应用的阶段。

图灵测试还有一个重要的意义，即它推动了人们重新审视“智能”这一概念的本质和内涵，使得人们更加深入地探索人类思维的奥秘。在图灵测试的影响下，人们开始从哲学、心理学、生物学、计算机科学等多个角度去思考智能的本质，这些研究成果又不断地为人工智能领域提供了新的理论支撑和实践基础。

总之，图灵测试是人工智能领域发展的一个重要里程碑，它的提出推动了人工智能领域的发展，并且为人们提供了一个客观、实用的衡量标准。同时，图灵测试还推动了人们对智能本质的重新思考，为人工智能领域的理论研究和实践应用提供了重要的支撑。

## AI 概念的提出

1956 年，一场历史性的会议在美国达特茅斯学院举行，这就是著名的“达特茅斯会议”。在这次会议上，首次提出了“人工智能”这一概念，标志着人工智能学科正式诞生。

该会议由约翰·麦卡锡（John McCarthy）、逻辑学家马文·闵斯基（Marvin Minsky）、信息论专家克劳德·香农（Claude

Shannon）和神经学家弗兰克·罗森布拉特（Frank Rosenblatt）发起，并邀请了40多位科学家和专家参加，其中包括计算机科学家艾伦·纽厄尔（Allen Newell）和赫伯特·西蒙（Herbert Simon）、生物学家弗朗西斯·克里克（Francis Crick）和詹姆斯·沃森（James Watson）。

这次会议聚集了当时的计算机领域专家，包括数学家、电子工程师、神经科学家等，共同探讨计算机模拟人类智能的可行性和可能性。

会议期间，参会者们集中探讨了人工智能的几个重要方向，包括逻辑理论、自动推理、神经网络、机器翻译、机器学习等。此外，会议还讨论了如何利用计算机模拟人类思维和语言能力的方法，以及如何设计更加复杂的机器，使其能够具备一定的自主能力和智能水平。

会议期间，参会者们提出了一些重要的概念和方法，对人工智能的发展产生了深远的影响。例如，约翰·麦卡锡在会上提出了“LISP”编程语言，它成为早期人工智能研究的基础之一，现在仍然被广泛使用。弗兰克·罗森布拉特则提出了“感知机”模型，为神经网络领域的发展奠定了基础。此外，艾伦·纽厄尔和赫伯特·西蒙提出了“逻辑理论家”模型，从而引领了人工智能在逻辑推理方面的发展。

达特茅斯会议的重要性不仅在于它首次提出了人工智能这一概念，还在于它聚集了计算机和其他学科领域的专家，形成了人工智能领域的学科体系。这次会议推动了人工智能研究的发展，奠定了人工智能的基础，并对计算机科学的发展和人类文明的进步产生了深远的影响。

## AI 的发展历程

自 1956 年 AI 概念被提出以来，AI 经历了多个发展阶段，这里我们将按时间顺序和不同阶段的发展特点来介绍 AI 的发展历程。

**第一阶段，知识表达和逻辑推理阶段（1956—1969）。**

在 AI 概念提出后的十几年中，AI 领域主要的研究方向是基于知识表示和逻辑推理的。这一时期的主要目标是利用计算机来模拟人类的推理过程，以实现人工智能。这一时期的代表性成果包括符号逻辑推理系统、专家系统和自然语言理解系统。其中，符号逻辑推理系统是以谓词逻辑为基础的，通过人工定义的规则和推理机制，实现了一定程度的推理和决策；专家系统则是将人类专家的知识通过知识表示和推理方法转化为计算机可以处理的形式，以解决专业领域的问题；自然语言理解系统则是为了使计算机能够理解人类的自然语言，将自然语言转化为计算机可以理解的形式。

**第二阶段，知识表示与机器学习融合阶段（1969—1993）。**

20 世纪 70 年代后期，随着基于知识表示和逻辑推理的 AI 研究进入瓶颈，人们开始关注另一种方法——机器学习。这一时期，人们开始探索知识表示和机器学习相结合的方法，以提高人工智能的水平。知识表示和机器学习的结合，使得计算机可以从数据中学习，自动发现规律和模式，并且不需要人类手动定义规则。这一时期的代表性成果包括决策树、神经网络、遗传算法等。此时，人们已经开始尝试从数据中学习，并利用这些数据自动构建模型，以实现人工智能的发展。

**第三阶段，神经网络和深度学习阶段（1993—现在）。**

20 世纪 90 年代后期，随着计算机技术和算法的不断发展，神经网络和深度学习成为人工智能领域的热点研究方向。神经网络是由多层神经元组成的，通过反向传播算法进行训练，可以从数据中自动提取特征和模式，实现图像识别、自然语言处理、语音识别等任务。深度学习是一种基于神经网络的机器学习方法，可以处理海量数据，并利用多层神经网络模拟人脑的处理方式，从而实现更高水平的人工智能。

在这一时期，人工智能的研究重点由以往的知识表示和推理转向了从数据中学习，从而实现自我进化。在机器学习的基础上，人们研究了更加深入的学习算法，如卷积神经网络、循环神经网络等，这些算法使得机器可以处理更加复杂的数据和任务。

当前，人工智能正处于快速发展的阶段。深度学习技术已经广泛应用于图像识别、自然语言处理、语音识别、推荐系统等多个领域，也在很大程度上推动了人工智能技术的发展。同时，人工智能在医疗、金融、智能制造等领域也有广泛的应用，为人类的生产和生活带来了很大的变化。

# 第 2 章

# AIGC：用 AI 创造万物

AIGC 是 AI 技术在创造性领域中的重要应用，是以人工智能为核心，融合计算机图形学、计算机视觉、自然语言处理等多种技术手段，为人类提供全新创作方式的工具。AIGC 实现了从概念到创作的全过程自动化，提高了创作效率，拓展了创作想象空间，有着广泛的应用前景。

本章将详细介绍 AICG 的意义和未来发展，以及其可以对实体产业进行赋能的具体应用领域。

## AIGC：人工智能辅助创造

人们热议的“AIGC”概念是什么，它又有怎样的现实意义和发展前景？ 在了解 ChatGPT 之前，我们首先需要了解关于

“AIGC”的基本概念。

## AIGC 到底是什么

AIGC 指的是人工智能生成内容（Artificial Intelligence Generated Content），是利用 AI 算法和计算机技术来创造图像、视频、音乐、文学等作品的一种创新方式。AIGC 不仅可以为创作者提供全新的创作工具和思路，同时也能够为消费者带来更加多样化和个性化的内容。

以往，人们创造内容需要经过艰苦的创作过程，需要大量的时间和精力，而人工智能技术的应用可以帮助人们实现从概念到成品的自动化。AIGC 技术可以通过机器学习和深度学习等技术手段，模拟人类的创作过程，生成高质量、个性化的创作内容。

## AIGC 的意义与发展

AIGC 技术的出现，对于创作领域具有重要的意义。通过 AIGC 技术，人们可以将人工智能算法与图形学、音乐、文学等领域的创作相结合，实现更加高效的创作方式和更加多样化的内容生产，全面激活人类的创造力。

另一方面，AIGC 也对文化产业、媒体和艺术领域的发展具有重要意义。随着 AIGC 技术的不断发展和应用，将会给文化产业带来更多的商业机会和创新模式。

AIGC 的发展离不开计算机技术和人工智能技术的不断创新，近年来，随着计算机技术、算法和数据处理能力的不断提升，AIGC 的技术水平和应用范围也得到了大幅度的拓展和提高。例如，AIGC 技术已经可以用于人物形象设计、场景构建、音乐创作、语音合成和自然语言生成等多个领域。同时，AIGC 技术也在不断完善和优化，以提高其应用的可行性和可靠性。

AIGC 的发展也带来了新的挑战和问题。例如，AIGC 生成的内容是否存在版权问题，以及如何评价和监管 AIGC 生成内容的质量等，都是需要解决的问题。因此，在推动 AIGC 技术发展和应用的同时，也需要加强法律和监管机制的建设，以保护知识产权和消费者权益。



## 产业赋能：AIGC 的应用领域

AIGC 也被广泛应用于各个领域，对于人们的生产和生活带来了诸多便利和创新，以下为其代表性的应用领域。

### 语音和图像识别

在当今社会中，图像和语音技术已经成为人们生活和工作中不可或缺的一部分。利用深度学习、机器学习等技术手段，

AIGC 技术可以实现对图像和语音的自动识别和分析。在图像识别方面，可以利用 AIGC 技术进行图像分类、目标检测、人脸识别等应用。

对于人脸识别技术而言，人脸图像的数据是其基础。而在实际应用中，人脸图像的质量、种类和数量都非常多，因此要实现准确的人脸识别，需要借助 AIGC 技术的帮助。例如，可以利用 AIGC 技术在人脸识别技术中进行性别和年龄的识别，帮助安防系统快速准确地辨认出犯罪嫌疑人。

在语音识别方面，可以利用 AIGC 技术进行语音翻译、语音识别、语音合成等应用。语音助手的兴起，就是应用了 AIGC 技术中的语音识别和语音合成功能。例如，智能音箱的出现，让人们可以通过语音命令控制家居设备、查询天气、听新闻等操作。另外，语音识别技术也可以应用于语音翻译，为国际交流和商业合作提供便利。在社交和游戏领域，AIGC 技术也可以应用于语音识别技术，提供语音聊天、语音游戏等服务。

除了人脸识别和语音识别，图像识别技术也是 AIGC 技术中的一个重要应用领域。利用 AIGC 技术，可以实现对图像的自动分类、目标检测、图像分割等应用。在智能交通领域，AIGC 技术可以应用于图像识别技术，实现对危险区域、人员和车辆等的自动监测和识别；在医疗领域，AIGC 技术也可以应用于图像识别技术，帮助医生对医学影像进行自动化分析和诊断，提高诊断效率和准确性。

总的来说，语音和图像识别是 AIGC 技术中最常见和应用最广泛的领域之一。在未来，随着人工智能技术的不断发展和应用，这些领域将会得到更加深刻的变革和创新，为人们的生活和工作带来更多的便利。



## 自然语言处理

在自然语言处理方面，AIGC 技术的应用也非常广泛。自然语言处理是指将自然语言转化为计算机可处理的形式，并对其进行分析和理解。通过自然语言处理技术，可以实现语音识别、机器翻译、情感分析等应用。

其中，机器翻译是自然语言处理的一个重要方向。在全球化的今天，不同国家和地区之间的交流和合作越来越频繁，因此，语言障碍成为一个制约因素。AIGC 技术可以实现对语言的自动翻译，为国际交流和商业合作提供便利。例如，百度翻译就是一种利用 AIGC 技术的机器翻译工具。除了百度翻译，有道翻译等也都是应用了 AIGC 技术的机器翻译工具。

此外，在情感分析方面，AIGC 技术也有着广泛的应用。情感分析是指对人类情感和观点的识别和分析。通过 AIGC 技术，可以对文本、声音、视频等多种形式的数据进行情感分析，识别出其中的情感色彩，为企业提供市场调研和舆情监控等服务。例如，在社交媒体的舆情监控中，AIGC 技术可以对用户发布的信息进行情感分析，帮助企业快速发现负面评论和投诉，提高客户服务质量。

总的来说，自然语言处理是 AIGC 技术的一个非常重要的领域。通过自然语言处理技术，可以实现人机交互的自然化和语义理解的自动化，为人们的生活和工作带来更加便捷和高效的体验。在未来，随着人工智能技术的不断发展和应用，自然语言处理领域将会迎来更加深入的变革和创新，为人们的生活和工作带来更多的便利。

### 机器人和智能家居

机器人和智能家居是 AIGC 技术应用的另一个重要领域。通过将人工智能算法和机器人技术相结合，可以创造出更加智能化、自主化的机器人产品。机器人可以应用于生产制造、服务业、医疗保健等多个领域，帮助人们提高工作效率和生活质量。

机器人在生产制造领域可以应用于自动化生产线，为企业提高生产效率和生产质量。在服务业中，机器人可以应用于酒店、餐厅等场所，帮助服务员实现更快速、更精准的服务；在医疗保健领域，机器人可以协助医生进行手术、护理等工作，提高医疗水平和服务质量。

同时，智能家居也是 AIGC 技术的重要应用领域。随着人们生活水平的提高和科技的进步，智能家居正成为家庭生活中不可或缺的一部分。利用 AIGC 技术，可以开发出更加智能化的家居产品，实现智能控制、智能家居的自动化管理等功能，为人们提供更加便捷、高效、舒适的生活体验。

举个例子，iRobot 公司的 Roomba 系列机器人是智能家居领域的代表。Roomba 机器人可以自主进行清扫，自动回充电座充电，还可以与智能手机进行连接，实现远程操控，为用户提供了极大的便利。

除了 Roomba 机器人之外，AIGC 技术还可以应用于智能门锁、智能电视、智能音响等智能家居产品中。例如，利用 AIGC 技术可以实现智能音响的语音识别，让用户通过语音指令即可控制音响播放音乐，实现家庭的自动化管理。

总的来说，机器人和智能家居的应用领域非常广泛，可以为不同的领域带来更加智能化、更加自主化的产品和服务，帮助人们提高生产效率和生活质量。

## 金融、医疗和农业等行业

除了语音和图像识别、自然语言处理，以及机器人和智能家居等领域，AIGC 技术还可以应用于金融、医疗和农业等行业。在这些行业中，AIGC 技术的应用可以帮助企业提高效率、降低成本、提高服务质量，从而增强企业的竞争力。

### 1. 金融

在金融领域，AIGC 技术可以帮助金融机构进行风险管理、投资决策、信用评估等方面的工作。利用 AIGC 技术，金融机构可以通过对大数据的分析，提高金融风险管理的精准度和实时性。例如，可以利用 AIGC 技术实现对银行账户交易的自动识别和分类，快速检测到异常交易行为，并防范金融风险。

此外，AIGC 技术还可以帮助金融机构进行投资决策。利用 AIGC 技术，可以通过对市场数据和历史数据的分析，实现对股票、债券等资产的预测和分析。这些预测和分析可以帮助投资人员更好地理解市场趋势，制订更加明智的投资策略。

### 2. 医疗

在医疗领域，AIGC 技术可以帮助医生进行疾病诊断、病因分析等工作，提高医疗水平和服务质量。利用 AIGC 技术，可以对患者的病情、症状和治疗方案进行分析和处理。例如，在影像诊断方面，AIGC 技术可以通过对影像数据的分析和处理，实现对癌症、肝病等疾病的诊断和病因分析，从而提高医疗的精准度。

此外，AIGC 技术还可以帮助医疗机构实现智能化的医疗服务。例如，在智能诊疗方面，AIGC 技术可以利用自然语言处理、机器学习等技术手段，帮助医生进行初步的诊疗，为患者提供更加便捷、高效的医疗服务。

### 3. 农业

在农业领域，AIGC 技术可以应用于智能化农业、精准农业等方面，帮助农民提高农业生产效率和农产品质量。利用 AIGC 技术，可以通过对土壤、气象等数据的分析和处理，帮助农民更好地了解农作物的生长状况和需求，从而实现精准施肥、精准灌溉等农业生产的智能化管理。

此外，AIGC 技术还可以帮助农民进行病虫害的预防和控制，提高农产品的质量和产量。

4. 交通

在交通领域，AIGC 技术可以应用于交通管理、智能交通等方面。例如，在交通管理方面，AIGC 技术可以利用图像识别和人工智能技术，实现对车辆违规行为的自动识别和处理，提高交通管理的效率和准确度；在智能交通方面，AIGC 技术可以实现对交通流量、拥堵情况等数据的分析和预测，提供交通优化和规划方案，减少交通拥堵，提高出行效率。

5. 制造业

AIGC 技术可以帮助制造业提高生产效率、降低成本、提高产品质量等。通过 AIGC 技术，可以实现自动化控制、智能化管理等功能，提高工厂的生产效率和管理水平。例如，可以利用 AIGC 技术对机器人进行控制和管理，实现机器人的自主化和智能化，提高制造业的生产效率和质量。

6. 教育领域

AIGC 技术可以为教育领域带来更加智能、个性化的学习体验。通过 AIGC 技术，可以实现学习过程的自动化和个性化，提高学习效率和质量。例如，可以利用 AIGC 技术开发出智能化的教育产品，帮助学生进行自适应学习和个性化教育，提高教育质量和学习效果。

7. 零售业

AIGC 技术可以帮助零售业实现更加智能化的销售和服务。通过 AIGC 技术，可以实现销售过程的自动化和智能化，提高销售效率和顾客满意度。例如，可以利用 AIGC 技术进行销售预测和库存管理，帮助零售企业减少浪费、降低成本，提高销售效率和利润率。

8. 能源领域

AIGC 技术可以帮助能源领域提高能源利用效率、降低能源浪费。通过 AIGC 技术，可以实现能源生产和使用的智能化管理和控制，提高能源利用效率、减少能源浪费。例如，可以利用 AIGC 技术进行智能电网的管理和控制，提高电网的稳定性和能源利用效率。

总的来说，AIGC 技术在不同领域的应用非常广泛，可以帮助人们实现效率提升、降低成本、提高服务质量等目标，促进社会和经济的发展。随着 AIGC 技术的进步，相信将会有更多的领域受益于它的发展。

# 第 3 章

## ChatGPT：问世即火爆

人工智能技术的发展已经逐渐改变了我们的生活和工作方式，其中，语言模型技术是近年来关注度很高的一个领域。在这个领域，ChatGPT 是一个备受瞩目的产品，它不仅是一个聊天程序，更是一个能够产生具有连贯性和逻辑性文本的神经网络模型。

本章将详细介绍 ChatGPT 的定义及其语言模型的发展历程和优势，以及与之竞争的其他语言模型技术。

### 重新定义：ChatGPT 到底是什么

在 ChatGPT 面世之前，人们对聊天程序的认知往往停留在基于规则的简单问答机器人上。但是，ChatGPT 的出现彻底颠覆了这一认知。

ChatGPT 是一个能够产生连贯性和逻辑性文本的神经网络模型，它的出现标志着语言模型技术的重大突破。与传统的聊天程序相比，ChatGPT 能够更好地模拟人类的语言行为，实现真正的“智能”聊天。

## ChatGPT 不只是一个聊天程序

ChatGPT 在 2022 年 11 月 30 日发布，从外观上看，它只是一个简单的网页对话框，如图 3. 1 所示。

图 3. 1 ChatGPT 界面

尽管 ChatGPT 被称为一个聊天程序，但它的应用范围远不止于此。ChatGPT 不仅能够用于聊天机器人，还可以应用于自然语言处理、机器翻译、摘要生成、对话生成等多个领域。

首先，在自然语言处理领域，ChatGPT 可以应用于文本分类、情感分析、命名实体识别等任务，以及文本生成和摘要生成等应用。例如，在文本摘要生成方面，ChatGPT 可以通过分析文本中的关键信息和主题，生成简明扼要的文本摘要，为用户提供更好的阅读体验。

其次，在机器翻译领域，ChatGPT 可以通过自然语言处理技术，实现不同语言之间的翻译，如将中文翻译成英文、日语翻译成德语等。ChatGPT 通过模拟人类的语言生成过程，能够更好地实现自然翻译，并且可以自动学习和适应不同语言之间的差异和规律。

最后，在对话生成方面，ChatGPT 可以通过自然语言生成技术，帮助用户快速产生符合语境和逻辑的对话。例如，在客服对话中，ChatGPT 可以通过对用户输入的问题进行分析，生成符合用户需求和语境的回答，提高客服的效率和质量。

此外，在虚拟人物对话和情景模拟等领域，ChatGPT 也有着广泛的应用前景。

综上所述，ChatGPT 的应用范围非常广泛，不仅仅局限于聊天程序领域。ChatGPT 的优势在于其能够模拟人类的语言生成过程，并且通过大规模预训练和优化模型结构，能够实现更加准确和自然的文本生成。

## ChatGPT 如何“独领风骚”

ChatGPT 在自然语言处理领域之所以能够成为目前最火的产

品，有以下几个原因：

### 1. Transformer 结构

ChatGPT 采用了 Transformer 结构，这是目前在自然语言处理领域表现最好的神经网络结构之一。传统的循环神经网络模型在处理长文本时存在着梯度消失和梯度爆炸的问题，而 Transformer 结构能够有效地捕捉句子中的长距离依赖关系，从而实现更加准确和自然的文本生成。

### 2. 大规模预训练

ChatGPT 在推出之前利用了海量的文本数据进行模型训练，从而提高了应用范围。预训练的模型可以在不同的任务中进行微调，进一步提高模型的准确性和适应性。

### 3. 自我学习

ChatGPT 的另一个独特之处是自我学习。它通过不断的自我学习，能够不断提升其语言模型的准确性和自然度。当用户与 ChatGPT 进行对话时，ChatGPT 会不断地学习并记忆用户的语言行为和偏好，从而更好地适应用户的需求。

ChatGPT 之所以会如此火爆，主要是因为它在自然语言处理领域的突出表现，以及其在各个领域的广泛应用。由于 ChatGPT 能够产生连贯性和逻辑性的文本，因此被广泛应用于聊天机器人、自然语言处理、机器翻译、摘要生成、对话生成等领域，帮助企业提高效率、降低成本、提高服务质量。

## 谁创造了 ChatGPT

ChatGPT 的开发者是人工智能研究机构 OpenAI，OpenAI 是由众多著名科学家和商界人士组成的顶级团队，旨在研发人工智能领域的最新技术，并推动人工智能在社会中的发展。这个团队包括了来自各个领域的顶尖专家，如人工智能领域的顶级科学家、投资人、企业家和哲学家等。

OpenAI 成立于 2015 年，当时由山姆 · 阿尔特曼（Sam Altman）、彼得 · 泰尔（Peter Thiel）、里德 · 霍夫曼（Reid Hoffman）和埃隆 · 马斯克（Elon Musk）等共同创立。它的目标是创建一个完全独立的、无私的、以人工智能为中心的研究机构，以推动人工智能技术的发展和普及。

OpenAI 的现任 CEO 是山姆 · 阿尔特曼，他出生于 1985 年，毕业于斯坦福大学。他曾是 Y Combinator 的总裁，推动了众多初创企业的发展。他曾创办 Loopt，这是一家专门从事社交网络服务的初创公司。此外，他还是 Reddit 的董事会成员之一，为该网站的发展做出了巨大贡献。

在 OpenAI 团队中，还有许多人工智能专家，他们在人工智能领域做出了很多杰出的贡献。其中，有一位重要的人物就是 GPT 模型的创造者——亚历克 · 拉德福德（Alec Radford）。此外，OpenAI 团队中还有很多其他优秀的科学家和工程师，他们都为 ChatGPT 的研发做出了重要贡献。

## 追根溯源：ChatGPT 的前世今生

ChatGPT 并非从无到有，它的前身是 GPT-1、GPT-2 和 GPT-3 三代语言模型。这些模型在自然语言处理领域中都取得了显著的成果，为 ChatGPT 的发展奠定了坚实的基础。

### GPT-1、GPT-2 和 GPT-3

GPT-1 是由 OpenAI 团队在 2018 年发布的第一代语言模型，它采用了 Transformer 结构和语言模型预训练的技术，可用于自然语言处理的各种任务。GPT-1 预训练的语言模型是单向的，只能依赖前面的文本内容生成后面的文本内容。

GPT-2 是 GPT-1 的升级版，于 2019 年发布。它在模型规模和训练数据量上都远远超过了 GPT-1，采用了更大的 Transformer 结构，并进行了更加深入的预训练。GPT-2 的预训练模型包含了 1.5 亿个参数，能够产生更加准确、流畅、自然的文本，甚至可以产生有趣的故事和文章。

GPT-3 是目前为止最强大的语言模型，于 2020 年发布。它采用了 1750 亿个参数，是 GPT-2 模型规模的 3 倍。GPT-3 在模型规模、训练数据量、语言生成的质量和多样性等方面都有显著提升。它可以完成多项任务，如文本生成、翻译、对话生成、摘要生成、问答和语言推理等，表现出非常强的泛化能力和适应性。GPT-3 可以产生高质量的文章、新闻报道和故事，几乎可以达到人类的写作水平，引起了广泛的关注和热议。

## GPT-3 的优势和影响力

GPT-3 的出现具有重大的意义，它不仅在语言生成领域创造了新的纪录，同时也促进了自然语言处理技术的发展和应用。

具体来说，GPT-3 的优势和影响力主要有以下几个方面。

### 1. 模型规模巨大

GPT-3 拥有 1750 亿个参数，是当前公认的规模最大的语言模型，可以产生更加准确、自然、流畅的文本。

### 2. 泛化能力强

GPT-3 具有非常强的泛化能力，能够适应不同的语言应用场景和任务，生成高质量的文本。

### 3. 多任务处理能力强

GPT-3 可以完成多种自然语言处理任务，包括文本生成、翻译、对话生成、摘要生成、问答和语言推理等，具有很高的多任务处理能力。

### 4. 语言生成的多样性

GPT-3 可以产生不同风格、不同主题的文章和文本，具有非常高的语言生成的多样性。

### 5. 推动自然语言处理技术的发展

GPT-3 的出现促进了自然语言处理技术的发展和应用，为语言模型技术的研究提供了更加广阔的空间和机会。

在实际应用中，GPT-3 已经被广泛应用于文本生成、机器翻译、摘要生成、问答和语言推理等多个领域。它的优势和影响力正在逐步显现，成为自然语言处理领域的重要里程碑和突破。

## 谁与争锋？ ChatGPT 的挑战者

虽然 ChatGPT 在语言模型领域取得了巨大的成功，但是还有一些竞争对手也在积极发展自己的语言模型技术，试图挑战 ChatGPT 的地位。

### Google Bard

Google Bard 是由 Google 公司研发的一款语言模型，它可以生成诗歌、故事、对话等多种文本类型。

与 ChatGPT 类似，Google Bard 采用了 Transformer 结构和自我学习的方式，可以不断提升自身的语言生成能力。Google Bard 的优势在于其对押韵和格律的掌握较好，能够产生更加优美、流畅的诗歌和歌词。

不过，相比之下，Google Bard 在语言生成的多样性和泛化能力方面还需要进一步提升。

## IBM Watson

IBM Watson 是 IBM 公司开发的一款语言模型，它采用了深度学习和自然语言处理技术，可以实现自然语言问答、文本生成、对话生成等多种任务。

ChatGPT 适用于小型对话系统和个人用户，如聊天机器人和智能助手，而 IBM Watson 则不同，它适用于企业和机构等大型应用场景，如智能客服、金融分析和医疗保健等。IBM Watson 的优势在于其强大的对话生成能力和对复杂问题的理解能力，能够产生更加精准、有针对性的回答。

但是，和 ChatGPT 相比，IBM Watson 在语言多样性和自然度方面还有一定的提升空间。

## Amazon Lex

Amazon Lex 是由亚马逊公司开发的一款语言模型，它采用了深度学习和自然语言处理技术，可以实现自然语言问答、文本生成、对话生成等多种任务。

与 IBM Watson 类似，Amazon Lex 还可以与用户进行实时对话，提供更加人性化的交互体验。Amazon Lex 的优势在于其丰富的对话管理能力和与其他亚马逊服务（如 Alexa）的无缝集成能力，能够为用户提供更加智能、便捷的语音交互体验。

不过，相比之下，Amazon Lex 的文本生成可能会更加局限，缺乏足够的多样性，不够流畅。

第 2 篇

# 技术原理：ChatGPT 怎么工作？把数据训练成“大脑”

ChatGPT 拥有着惊人的创造力和强大的语言理解能力，那么，它到底是如何实现这些能力的呢？ChatCPT 背后的“大脑”藏着什么样的秘密？

本篇将为读者详细介绍 ChatGPT 的技术原理：从无监督学习到生成模型，从 N-gram 模型到 Transformer 模型，从困惑度指标到应用性能评估。

让我们一起深入探寻 ChatGPT 是如何工作的，以及如何让它变得更加聪明、更加有创造性和更加强大吧！

# 第 4 章

# ChatGPT 的学习训练：让机器变得更聪明

ChatGPT 是一种非常复杂的自然语言处理技术，它需要大量的训练数据和计算资源才能够取得良好的效果。

本章将详细介绍 ChatGPT 的学习训练过程，包括无监督学习、有监督学习和零样本学习三种方式，以及如何让多个 ChatGPT 一起学习。

## 无监督学习：如何让 ChatGPT 自己学习

无监督学习是指在没有标注数据的情况下，让机器自己从数据中学习模型的方法。ChatGPT 采用了无监督学习的方式进行模型训练，通过对大量文本数据的学习，让模型自己学会理解和生成自然语言。

## 教 ChatGPT 理解自然语言

ChatGPT 的无监督学习是通过预训练的方式进行的，具体包括两个步骤：掩码语言建模（Masked Language Modeling，MLM）和下一句预测（Next Sentence Prediction，NSP）。

掩码语言建模是指将文本中的一部分词汇掩盖掉，然后让模型预测掩盖的词汇。例如，给定一个句子“我想吃［掩码］”，ChatGPT 需要预测掩盖的词汇是“苹果”“香蕉”还是“蛋糕”等。掩码语言建模可以让 ChatGPT 学习到单词的上下文信息和语法结构。

下一句预测是指给定两个相邻的句子，让 ChatGPT 预测它们之间是否存在逻辑上的连贯性。例如，给定两个句子“小明在图书馆学习”和“他找了一本好书看”，ChatGPT 需要预测这两个句子之间是否存在连贯性。下一句预测可以让 ChatGPT 学习到文本的连贯性和语义信息。

通过掩码语言建模和下一句预测，ChatGPT 可以在大量的文本数据中学习到自然语言的语法、语义和连贯性等知识，从而为后续的应用打下基础。

## 让 ChatGPT 学会新内容

ChatGPT 的预训练是基于海量的文本数据进行的，但是在实际应用中，可能会遇到一些没有见过的新内容，如新闻事件、科技发展和时事评论等。为了让 ChatGPT 学会新内容，可以采用迁移学习的方式，将预训练模型 Fine-Tune（微调）到新的任务上。

Fine-Tune 是指在预训练模型的基础上，针对新的任务进行微调，以提高模型在新任务上的表现。以聊天机器人为例，可以使用一个已经预训练好的 ChatGPT 模型作为基础，然后根据具体的场景和需求 Fine-Tune 到特定的聊天任务上，如客服、闲聊、知识问答等。这样可以大大减少新任务的训练时间和数据量，提高模型的表现效果。

以自然语言处理领域的文本分类为例，Fine-Tune 预训练模型可以大大提高文本分类的精度。例如，有一个数据集包括数千个文本样本，每个样本属于不同的类别，如“科技”“体育”“政治”等。可以使用已经预训练好的 ChatGPT 模型作为基础，然后将它 Fine-Tune 到文本分类任务上，以便快速训练出一个高精度的文本分类模型。

在 Fine-Tune 时，需要根据具体的任务选择合适的数据集和调整超参数。另外，Fine-Tune 的训练过程也需要一定的技巧和经验，如合适的学习率、正则化、批量大小等超参数的调整。

举一个实际应用的例子。假设有一个公司想让 ChatGPT 生成有关它的产品的描述，但是没有足够的训练数据。它可以使用预训练好的 ChatGPT 模型作为基础，然后 Fine-Tune 模型到产品描述的生成任务上。通过将模型 Fine-Tune 到这个特定的任务上，模型可以学习到关于该公司产品的相关信息和词汇，从而生成更加准确和有说服力的描述。这样可以大大提高该公司产品的销售和推广效果。

## 有监督学习：如何让 ChatGPT 向人类学习

有监督学习是指通过给模型提供带有标签的数据，让模型学习从输入到输出之间的映射关系的方法。ChatGPT 可以通过有监督学习的方式进行针对性的训练，以成为一个更好的聊天伙伴和多语言翻译器。

### 让 ChatGPT 成为聊天伙伴

ChatGPT 作为一种语言模型，可以生成类似人类对话的自然语言文本。为了让 ChatGPT 成为一个更好的聊天伙伴，需要将其进行有监督学习，以学习更多的对话场景和对话技巧。具体地，可以使用已有的对话数据集对 ChatGPT 进行训练，以让模型学会更好地理解人类对话的上下文和语境，从而生成更自然、更流畅的对话文本。

例如，在对话数据集中，可以有这样一组对话：

用户：今天天气不错啊。

聊天机器人：是啊，阳光明媚的，你打算出去逛逛吗？

通过对这样的对话进行学习，ChatGPT 可以学会如何根据上下文进行回复，如当用户提到“今天天气不错啊”，ChatGPT 可以回复类似“是啊，阳光明媚的”这样与天气相关的内容。

此外，还可以引入多轮对话的机制，让 ChatGPT 能够处理更加复杂的对话场景，如问答、闲聊、客服等。

例如，在一个多轮对话场景中：

用户：请问你是客服吗？

聊天机器人：是的，有什么我可以帮你解决的问题吗？

用户：我的账号登录不了。

聊天机器人：请问你是在网页上登录还是在 App 上登录？

通过这样的多轮对话，ChatGPT 可以学会如何在不同的对话场景中进行回复，从而逐渐成为一个更好的聊天伙伴。

## 让 ChatGPT 翻译各种语言

ChatGPT 可以被训练用于翻译各种语言，以实现多语言交流。这里需要使用到对齐的语言数据集，对齐的语言数据集是指对于一个句子，它的翻译在另一个语言中是唯一的。为了训练 ChatGPT 用于翻译，需要将训练数据按照语言对进行配对，并标注正确的翻译结果。例如，有一个中文和英文的对齐语言数据集，其中一个句子是“我爱你”，对应的翻译为“I love you”。这个数据集可以被用来训练 ChatGPT，让它学会从中文到英文的翻译。

在训练过程中，需要考虑到词汇和语法结构的差异，以及句子中的上下文和语境。例如，在中文中，“我爱你”是一个常用的表达，但在英文中，可能会用不同的表达方式，如“I care for you”或“you mean everything to me”。

为了使得 ChatGPT 能够应对更加复杂的翻译场景，还需要对模型进行优化，以提高其翻译的准确性和流畅性。例如，在翻译句子时，需要考虑到整个句子的语义和上下文信息，而不仅仅是单个词语的翻译。同时，还需要避免出现一些不合理的翻译，如生硬的翻译或错误的翻译，以保证翻译的质量和可靠性。

总之，通过有监督学习，可以让 ChatGPT 逐渐成为一个更好的聊天伙伴和多语言翻译器。通过精细的数据集构建、训练和优化，ChatGPT 能够更好地理解人类语言，并输出更加自然、流畅的对话和翻译结果，为人类带来更多便利和乐趣。

## 零样本学习：ChatGPT 如何快速学习新任务

零样本学习（Zero-Shot Learning）是指模型在没有针对某一特定任务的标注数据时，仍然能够进行有效的学习。ChatGPT 可以通过零样本学习的方式快速学习新任务，从而扩展其应用范围。

### 让 ChatGPT 快速学会新技能

在零样本学习中，ChatGPT 需要通过学习任务的元信息（如任务描述或示例输入/输出）来进行快速学习。

以自然语言生成任务为例，ChatGPT 可以通过给出一些元信息，如任务描述或示例文本，快速生成符合要求的文本。

例如，在生成关于“狗的描述”的任务中，ChatGPT 可以被提供以下元信息：

任务描述：“写一段描述狗的自然语言文本。”

示例文本：“这只狗毛发浓密，黑色的鼻子和棕色的眼睛非常可爱。”

根据这些元信息，ChatGPT 可以生成类似以下的文本：

“这只狗的毛发浓密、光滑，黑色的鼻子和棕色的眼睛非常可爱。它喜欢在院子里奔跑、玩耍，经常向人们摇尾巴，表现得非常友好和热情。”

通过这种方式，ChatGPT 可以快速学会新技能，即生成关于“狗的描述”的文本。这种方法可以应用于各种自然语言生成任务，如文章摘要、文本转换等。

## 让多个 ChatGPT 一起学习

除了单个 ChatGPT 进行零样本学习外，还可以利用多个 ChatGPT 进行联合学习，从而提高学习效率和准确率。这种方法被称为多模型联合学习（Multi-Model Joint Learning）。

例如，在文本分类任务中，可以利用多个 ChatGPT 分别对不同领域的文本进行训练，如科技、体育和政治等领域。然后，可以通过联合学习的方式，将这些 ChatGPT 的知识进行整合，从而提高文本分类的准确率。

例如：

ChatGPT 1：对科技文本进行训练，了解科技领域的专业术语和行业趋势。

ChatGPT 2：对体育文本进行训练，了解体育领域的比赛规则和运动员背景。

ChatGPT 3：对财经文本进行训练，了解财经领域的新闻事件和政策法规。

在联合学习过程中，可以将这些 ChatGPT 的知识进行整合。例如，对于一篇新的文本，可以将其输入每个 ChatGPT 中进行分类，然后综合各个模型的结果进行最终的分类。

此外，在多语言翻译任务中，可以利用多个 ChatGPT 对不同语言的翻译进行训练，如英语、法语和中文等。然后，可以通过联合学习的方式，将这些 ChatGPT 的知识进行整合，从而提高多语言翻译的质量。

举例，在英语-法语翻译任务中，可以利用 ChatGPT 1 对英语文本进行训练，利用 ChatGPT 2 对法语文本进行训练。然后，可以通过联合学习的方式，将这两个模型的知识进行整合，从而提高英语-法语翻译的质量。

通过使用多模型联合学习的方式，ChatGPT 可以更快地学习新任务，同时提高模型的准确率和鲁棒性，从而拓展其在各种任务中的应用范围。

# 第5章

# ChatGPT 的语言模型：让机器学会说话

在自然语言处理领域，语言模型是一种重要的技术，它可以让机器学会理解语言、生成语言、甚至对话。ChatGPT 作为一种先进的语言模型，可以生成逼真的自然语言文本，从而被广泛应用于各种场景。

本章将介绍几种经典的语言模型，包括 N-gram 模型、RNN 模型和 Transformer 模型，让读者了解语言模型的发展历程及各种模型的特点和应用。

## N-gram 模型：机器如何学会语言

N-gram 模型是一种经典的基于统计的语言模型，它的基本思想是根据已有的语料库中的词频信息，推测出下一个词出现的概率。N-gram 模型可以通过简单的统计方法来实现，但它的表现相对较差。

## 简单易懂的语言学习方法

N-gram 模型是一种简单的语言模型，它是在文本中统计每个单词及其前面 n-1 个单词出现的频率，从而计算出每个单词出现的概率。这种模型是基于假设的，即单词出现的概率只与前面的 n-1 个单词相关，而与其他单词无关。

例如，在一个文本中，“the cat sat on the mat”中，2-gram 模型将单词“the”“cat”“sat”“on”“the”“mat”视为三个两个单词组合：“the cat”“cat sat”和“sat on”，并计算它们出现的概率。

然后，可以使用这些概率来生成或评估文本。

N-gram 模型的训练和预测都很简单，只需要统计单词组合的频率即可。它也很容易实现，并且可以应用于大型数据集。因此，N-gram 模型经常被用作语音识别、自然语言处理和文本生成等任务的基础。

下面来看一个简单的例子。

假设我们有一个包含以下三个句子的语料库：

I love dogs.

I hate cats.

Dogs and cats are mortal enemies.

现在，我们使用 2-gram 模型来预测给定句子中下一个单词的概率。

例如，对于句子“I love”，我们可以计算出它之后出现每个单词的概率。在这种情况下，可以看到下一个单词很可能是“dogs”，因为在这个小的语料库中，“love”后面往往是“dogs”而不是“cats”：

P(dogs | I love) = 1/1 = 1

P(cats | I love) = 0/1 = 0

同样地，对于句子“I hate”，我们可以计算出下一个单词可能是“cats”而不是“dogs”：

P(cats | I hate) = 1/1 = 1

P(dogs | I hate) = 0/1 = 0

这只是一个简单的例子，但它说明了 N-gram 模型的基本思想。

## 为什么 N-gram 模型不够聪明

尽管 N-gram 模型很简单，但它们有一个明显的限制，即单词的概率只与前面 n−1 个单词相关。因此，N-gram 模型无法处理更复杂的语言结构，如长距离的依赖关系和语法规则。例如，在句子“飞机上的乘客通常会扣安全带”中，N-gram 模型可能只能考虑前面的一个或两个单词，因此无法识别“飞机上的乘客”作为一个短语，也无法理解“扣安全带”是一个完整的动词短语。

因此，N-gram 模型在处理自然语言时可能会遇到困难。另外，N-gram 模型还会遇到数据稀疏的问题，即如果某个单词组合在语料库中出现的次数很少，那么 N-gram 模型将无法准确地预测该组合的概率。

## RNN 模型：让机器有了记忆和理解

为了解决 N-gram 模型的限制，我们需要更复杂的模型来处理自然语言。循环神经网络（Recurrent Neural Network，RNN）是一种强大的语言模型，它能够通过时间序列学习语言结构，并对长距离的依赖关系进行建模。与 N-gram 模型不同，RNN 模型具有“记忆”，可以存储以前的信息，并将其用于后续预测。

### 从语言的时间序列中学会表达和记忆

循环神经网络（RNN）是一种基于序列的模型，它可以处理语言中的时间依赖关系。RNN 的主要思想是在处理序列中的每个元素时使用相同的权重矩阵，并使用先前的状态来传递信息。RNN 在处理自然语言时非常有用，因为自然语言通常具有时间依赖性。例如，在句子“我今天吃了一个苹果”中，前面的单词“我”对后面的单词“吃”和“苹果”的意义有重要影响。RNN 可以使用先前的状态来捕捉这种时间依赖性，并对后续单词的意义进行推断。

下面来看一个例子。

假设我们要使用 RNN 来预测给定句子中下一个单词的概率。例如，在句子“I love dogs”中，可以使用 RNN 来计算每个单词的隐藏状态。然后，可以使用这些隐藏状态来预测下一个单词的概率。对于句子“I love”，我们可以看到下一个单词很可能是“dogs”，因为 RNN 可以在处理“love”之后记住“dogs”的意义：

P（dogs | I love）= 0.9

P（cats | I love）= 0.1

同样地，对于句子“I hate”，我们可以看到下一个单词可能是“cats”而不是“dogs”，因为 RNN 可以在处理“hate”之后记住“cats”的意义：

P（cats | I hate）= 0.8

P（dogs | I hate）= 0.2

这个例子说明了 RNN 的基本思想。

## 如何解决长期依赖问题

尽管 RNN 可以处理时间依赖性，但它们仍然有一个问题，即在处理长序列时，信息传递会逐渐消失或爆炸。这种现象称为梯度消失或梯度爆炸。

当 RNN 在处理长序列时，梯度会逐渐缩小或增大，从而导致信息丢失或误差爆炸。这使得 RNN 难以捕捉长期依赖关系，因此在处理自然语言时不够有效。为了解决这个问题，一些改进的 RNN 模型被提出，如长短时记忆网络（LSTM）。

长短时记忆网络是一种 RNN 变体，它可以更好地处理长期依赖性。LSTM 通过引入称为“门”的结构来控制信息流动，从而解决了梯度消失和梯度爆炸的问题。LSTM 包括输入门、遗忘门和输出门，它们可以选择性地控制信息的流入、流出和遗忘。这使得 LSTM 可以记住长序列中的重要信息，并在需要时将其传递到后续状态中。

下面来看一个例子。

假设我们要使用 LSTM 来预测给定句子中下一个单词的概率。例如，在句子“I love dogs”中，可以使用 LSTM 来计算每个单词的隐藏状态。然后，可以使用这些隐藏状态来预测下一个单词的概率。

对于句子“I love”，我们可以看到下一个单词很可能是“dogs”，因为 LSTM 可以记住“love”和“dogs”之间的依赖关系：

P(dogs | I love) = 0.9

P(cats | I love) = 0.1

同样地，对于句子“I hate”，我们可以看到下一个单词可能是“cats”而不是“dogs”，因为 LSTM 可以记住“hate”和“cats”之间的依赖关系：

P(cats | I hate) = 0.8

P(dogs | I hate) = 0.2

这个例子说明了 LSTM 可以解决长期依赖问题，并在自然语言处理中取得了更好的效果。

## RNN 模型的表现如何？

RNN 在处理语言任务时表现得非常出色，如语言建模、机器翻译、情感分析等。使用 RNN 进行语言建模时，可以将其用于生成文本，如生成诗歌、小说或对话。使用 RNN 进行机器翻译时，可以将其用于将一种语言翻译成另一种语言。在情感分析中，RNN 可以分析文本中的情感倾向，如情绪、态度或情感极性。

但是，RNN 在处理长序列时仍然存在梯度消失和梯度爆炸的问题，这限制了它在处理自然语言时的表现。因此，一些改进的 RNN 模型被提出，如长短时记忆网络（LSTM）和门控循环单元（GRU）。这些模型在处理长序列时具有更好的性能，并在自然语言处理任务中表现出色。

总的来说，RNN 是一种非常有用的模型，可以处理自然语言中的时间依赖性问题，但需要注意梯度消失和梯度爆炸的问题。在实际应用中，需要根据具体情况选择不同的 RNN 模型，并对模型进行调参和优化。

## Transformer 模型：让机器拥有创造力

随着计算能力和数据的增加，神经网络模型的规模和复杂度也在不断增加。Transformer 模型是一种基于自注意力机制的神经网络模型，它可以有效地学习自然语言的复杂性和多样性，从而在生成语言方面具有创造力。

### 从关注点中学会生成语言

Transformer 模型是一种基于自注意力机制的神经网络模型，它可以在生成语言时学习不同部分之间的关系。与 RNN 不同，Transformer 模型可以并行处理整个输入序列，从而在生成语言时具有更高的效率。

Transformer 模型的主要组件包括编码器和解码器。

#### 1. 编码器

编码器将输入序列中的每个单词映射到一个高维空间中，并使用自注意力机制来学习单词之间的关系。自注意力机制是一种可以计算每个单词与其他单词之间关系的机制。

例如，在句子“我今天吃了一个苹果”中，自注意力机制可以计算单词“我”与其他单词之间的关系，如“今天”“吃了”

“一个”和“苹果”。

通过使用自注意力机制，编码器可以捕捉单词之间的复杂关系，并将这些信息存储在高维向量中。

2. 解码器

解码器是另一个 Transformer 模型的组件，它使用编码器的输出向量来生成目标语言的序列。解码器也使用自注意力机制来学习目标语言序列中的单词之间的关系。

例如，在翻译英语句子“I love dogs”成为法语句子“J'aime les chiens”时，解码器可以使用自注意力机制来确定哪些单词应该出现在翻译的句子中及它们的顺序。

下面举例说明：

假设我们有一个输入序列“我今天吃了一个苹果”，并且希望使用 Transformer 模型来生成一个类似的序列。我们可以首先将输入序列输入到编码器中，然后使用自注意力机制计算单词之间的关系。然后，将编码器的输出向量输入到解码器中，并使用自注意力机制生成类似的序列。

比如，我们可以将编码器的输出向量输入到解码器中，并使用自注意力机制来生成类似的序列：“今天我吃了一个香蕉”。

这个例子展示了 Transformer 模型如何使用自注意力机制学习输入序列中的信息，以生成与输入序列类似的新序列。

通过使用自注意力机制，Transformer 模型可以有效地学习语言中单词之间的复杂关系，从而生成更加自然、多样和合理的语言。

## 如何关注语言的不同方面

需要注意的是，为了进一步提高 Transformer 模型在生成语言方面的能力，还需要引入多头注意力机制。多头注意力机制解决的是如何关注语言的不同方面的问题。

多头注意力机制是 Transformer 模型的关键组件之一。它可以让模型同时关注输入序列的不同部分，从而更好地捕捉序列中的信息。与单头注意力机制不同，多头注意力机制可以在不同的空间中进行关注，并从多个角度对输入序列进行编码。例如，在翻译一个句子时，多头注意力机制可以同时关注原始句子的词汇、语法、上下文等方面，从而更好地理解句子的含义，并生成更准确的翻译结果。

多头注意力机制的实现方式是，将输入序列拆分成多个子序列，然后为每个子序列创建一个注意力头。每个注意力头可以学习不同的语言特征，如词汇、语法、上下文等。多头注意力机制可以使 Transformer 模型在不同方面上对输入序列进行关注，并将多个注意力头的结果合并成一个输出向量。

以下举例说明：

假设我们需要翻译一个句子“我爱我的猫”，使用单头注意力机制的 Transformer 模型将只关注句子中的某些单词，如“我”“爱”“猫”。但是，使用多头注意力机制的 Transformer 模型可以同时关注不同方面的信息，如“我”与“我的猫”之间的关系、动词“爱”与名词“猫”的匹配等。通过同时关注不同方面的信息，多头注意力机制可以更准确地理解句子的含义，并生成更准确的翻译结果。

再比如，在翻译英语句子“I love dogs”成为法语句子“J' aime les chiens”时，Transformer 模型可以关注句法和语义方面的信息。具体来说，它可以使用自注意力机制来确定英语句子中每个单词与法语句子中的哪些单词对应，以及它们的顺序。同时，它还可以使用自注意力机制来确定每个单词的语义含义，以便更好地翻译整个句子。

此外，多头注意力机制可以更好地完成情感分析任务，即判断给定文本的情感极性（积极或消极）。在这种情况下，Transformer 模型可以使用自注意力机制来关注文本中不同单词之间的情感信息。

例如，在文本“这部电影真是太好看了，我太喜欢它了！”中，Transformer 模型可以使用自注意力机制来确定哪些单词表示积极情感，如“太好看了”和“喜欢”，并忽略那些表示消极情感的单词，如“不喜欢”和“无聊”。

## Transformer 模型创造的奇妙语言

Transformer 模型在自然语言处理方面的应用非常广泛，如机器翻译、自然语言生成、问答系统等。其中，机器翻译是 Transformer 模型最成功的应用之一。事实上，Transformer 模型在 2017

年提出后，很快在机器翻译领域就取得了非常出色的结果。例如，Google 在 2016 年使用 Transformer 模型将英语翻译为法语时，BLEU 得分（机器翻译质量的衡量标准之一）相比先前的系统提高了约 4 个百分点。这表明，Transformer 模型在机器翻译方面具有非常强大的能力。

除了机器翻译，Transformer 模型还被广泛用于自然语言生成任务。例如，在聊天机器人中，Transformer 模型可以生成自然且流畅的回复，从而使聊天机器人具有更像人类的交互方式。在生成对话时，Transformer 模型可以使用上下文中的语境信息，并根据对话历史和当前语境来生成下一条回复。

另一个重要的应用领域是问答系统。例如，当我们在搜索引擎中输入一个问题时，Transformer 模型可以理解问题的意义，并给出与问题相匹配的答案。在这个任务中，Transformer 模型可以使用编码器将问题表示为高维向量，并使用解码器来生成与问题相匹配的答案。

除了上述应用领域之外，Transformer 模型还被广泛用于语音识别、文本分类、命名实体识别、情感分析等自然语言处理任务。在这些任务中，Transformer 模型的高效性和准确性都得到了验证，并成为目前自然语言处理领域的主流模型之一。

以下举例说明 Transformer 模型在自然语言生成方面的创造力。

*假设需要生成一篇关于旅游的短文，我们可以输入一些关键词，如“旅游”“美景”“海滩”“日落”等，然后使用 Trans-*

former 模型来生成一篇与这些关键词相关的短文。

输入：旅游，美景，海滩，日落。

输出：在这个美丽的海滩上，当太阳慢慢落下时，你可以欣赏到一场绝美的日落。每当夕阳西下，整个海滩都被染成了金色和橙色的色彩，仿佛置身于一个童话般的世界。这里的海水清澈透明，沙滩柔软舒适，是一个度假的好地方。除了欣赏美景，你还可以在海滩上尽情玩耍，享受阳光和海风的沐浴。总之，这里是一个让人心旷神怡的地方，绝对值得一游。

这个例子展示了 Transformer 模型如何使用自注意力机制和多头注意力机制学习输入序列中的信息，并生成具有创造性和流畅性的新序列。

总而言之，Transformer 模型是一种基于自注意力机制和多头注意力机制的神经网络模型，可以高效地学习自然语言的复杂性和多样性，并在生成语言方面具有创造力。在生成语言时，Transformer 模型可以并行处理整个输入序列，从而具有更高的效率。与 RNN 不同，Transformer 模型不依赖于时间顺序，可以在输入序列中任意位置学习并捕捉信息。因此，Transformer 模型在处理长序列和复杂语言结构方面表现出色。

编码器和解码器是 Transformer 模型的主要组件，编码器使用自注意力机制来学习输入序列中的信息，解码器使用编码器的输出向量来生成目标语言的序列。多头注意力机制是 Transformer 模型的关键组件之一，它可以让模型同时关注输入序列的不同部分，从而更好地捕捉序列中的信息。

Transformer 模型已被广泛应用于自然语言处理任务，如机器翻译、自然语言生成、问答系统、语音识别、文本分类、命名实体识别和情感分析等。在这些任务中，Transformer 模型展现出了其高效性和准确性，并成为目前自然语言处理领域的主流模型之一。

最后，需要指出的是，Transformer 模型虽然在自然语言处理方面具有很强的能力，但仍然存在许多挑战和问题需要解决。例如，如何进一步提高模型的效率和准确性，如何更好地捕捉上下文信息和语义信息，如何处理多语言、多模态数据等。这些问题将成为未来研究的重点，也将推动自然语言处理技术的不断发展和进步。

# 第 6 章

# ChatGPT 的生成模型：让机器变得更有创造性

在机器学习领域，生成模型是一类十分有趣的模型。与传统的监督学习模型不同，生成模型更加关注如何从数据分布中学习，进而生成具有一定规律性的新数据。这一类模型广泛应用于各种场景，如图像生成、音频生成、文本生成等。

ChatGPT 是目前非常有名的一种文本生成模型，它基于 Transformer 模型，通过不断迭代和优化，已经具有很强的自然语言生成能力。

## 生成对抗网络：用聪明的“对手”让 ChatGPT 更加聪明

生成对抗网络（Generative Adversarial Networks，GAN）是一

种非常有用的生成模型，它最初由伊恩 · 古德费勒（Ian Goodfellow）等人在 2014 年提出。

## 用“骗子”和“警察”让机器更有创造性

GAN 主要由两个神经网络组成：生成器网络和判别器网络。生成器网络用于生成新的数据，判别器网络则用于判断新的数据是否真实，两个网络通过对抗学习，不断提升自己的能力，最终使生成的数据更加准确、真实。

在 GAN 的训练过程中，生成器网络需要学会如何生成尽可能接近真实数据的数据，而判别器网络则需要判断这些数据是否为真实数据。两个网络的对抗不断迭代，直到生成的数据足够真实，可以骗过判别器网络，这时生成器网络就学会了生成新的真实数据。

以下举一个例子：

假设我们要训练一个生成器网络，使其能够生成像名画家毕加索的画作一样的艺术品。我们可以先收集大量的毕加索的画作作为训练数据集。生成器网络的输入是一个噪声向量，输出是一张模拟毕加索画风的艺术品。而判别器网络则负责判断这张艺术品是否是真实的毕加索的画作。两个网络通过反复对抗学习，生成器网络逐渐学会生成尽可能接近真实毕加索画作的艺术品，而判别器网络则逐渐变得更加准确，能够判断出越来越接近真实的毕加索画作的艺术品。

在 ChatGPT 中，我们可以使用生成对抗网络来训练一个更加聪明的对话生成器。具体来说，可以将生成器网络设计成为能够生成合理的对话内容，而判别器网络则负责判断生成的对话内容是否真实。这样一来，生成器网络就能够通过与判别器网络的对抗不断提升自己的生成能力，使得生成的对话内容更加自然和真实。

尽管 GAN 的原理和应用场景非常广泛，但是 GAN 的优化和调参是一个比较复杂的过程。GAN 的优化算法主要有基于梯度的算法和基于演化的算法。常用的梯度算法包括 SGD、Adam、Adagrad 等，而演化算法则包括遗传算法、粒子群优化等。此外，GAN 模型的网络结构、损失函数等也需要进行调整和优化，以获得更好的生成效果。

GAN 模型已经在很多领域中取得了非常显著的成果，但是它也存在一些问题。其中一个比较严重的问题就是模式崩溃（Mode Collapse），它指的是生成器网络只能生成少量的样本，而不能生成多样性的样本。这是因为生成器网络和判别器网络在训练过程中可能会出现博弈过程陷入某个局部最优解的情况，导致生成器网络无法生成多样化的样本。例如，如果我们要训练一个生成器网络，使其生成不同种类的花卉图片，但是生成器网络只能生成一种花卉的图片，那么就出现了模式崩溃的问题。

为了解决模式崩溃的问题，研究人员提出了许多解决方案。一种比较简单的方法是增加生成器网络和判别器网络的复杂度，如增加网络的深度、宽度等。这样一来，生成器网络和判别器网络的表达能力就会更加强大，能够更好地生成和判别多样性的数据。另外一种比较流行的方法是使用条件生成对抗网络（Conditional GAN，CGAN），它允许我们在生成数据的过程中加入额外的约束条件。例如，如果我们要生成不同种类的花卉图片，那么可以使用 CGAN 模型，将花卉的种类作为约束条件输入生成器网络中，这样生成器网络就会更加注重生成多样性的数据。

除了模式崩溃的问题，GAN 模型还存在着一些其他的问题，如梯度消失、训练不稳定等。解决这些问题的方法比较多，需要结合具体的应用场景和实际情况进行选择和优化。

总的来说，生成对抗网络是一种非常有用的生成模型，可以在各种场景下生成更加真实、准确、多样化的数据。在 ChatGPT 中，我们可以使用生成对抗网络来训练更加聪明、自然的对话生成器，从而更好地满足用户的需求。虽然 GAN 模型存在着一些问题，但是随着技术的不断进步和优化，相信 GAN 模型会在越来越多的应用场景中发挥出更加重要的作用。

## 让 ChatGPT“对话”更自然

尽管 GAN 在文本生成领域的应用不如图像和音频生成广泛，但是在 ChatGPT 中，研究人员们发现了将 GAN 应用于文本生成的可能性。与传统的文本生成模型相比，GAN 可以生成更加自然的对话内容，从而使 ChatGPT 生成的对话更加流畅和真实。

在 ChatGPT 中，GAN 被用于训练一个更加聪明的对话生成器。生成器网络设计成能够生成合理的对话内容，而判别器网络则负责判断生成的对话内容是否真实。生成器网络的输入是一个随机的噪声向量和一个对话的历史记录，输出是下一个合理的对话内容。判别器网络的输入是一个对话内容和对应的标签（真实或虚假），输出是对话内容的真实性评价。通过不断地对抗学习，生成器网络和判别器网络不断提升自己的能力，最终使生成的对话内容更加自然和真实。

举一个具体的例子：

假设我们要训练一个生成器网络，使其能够生成有关天气的对话内容。我们可以先收集大量的天气对话数据集，其中包括如下问句和回答。

问：今天会下雨吗？

答：不会下雨，今天阳光明媚。

问：明天的气温会很低吗？

答：是的，明天的气温将会很低。

上例中，当输入是“明天的气温会很低吗？”时，生成器网络可以输出“是的，明天的气温将会很低。”。而判别器网络则负责判断生成的对话内容是否真实。

在 GAN 模型的优化中，需要注意的是，生成器网络和判别器网络的损失函数是不同的。生成器网络的目标是生成尽可能接近真实对话内容的对话，而判别器网络的目标是准确判断生成的对话内容是否为真实。因此，在优化过程中需要平衡两者之间的目标，并使得两个网络都能不断提升自己的能力。

除了应用于对话生成之外，GAN 还可以应用于文本风格转换、文本摘要、机器翻译等方面。在文本风格转换中，GAN 可以学习不同文本风格之间的差异，从而将一种文本风格转换为另一种文本风格；在文本摘要中，GAN 可以学习如何将一篇长篇文章压缩成一个简洁而准确的摘要；在机器翻译中，GAN 可以学习如何生成更加自然、准确的翻译结果，从而提升翻译质量和可读性。

虽然 GAN 在文本生成领域的应用还不是很成熟，但是研究人员们已经取得了不少进展。近年来，随着深度学习技术的不断发展，GAN 也逐渐成为文本生成领域的热门研究方向之一。未来，我们有理由相信，GAN 将会在文本生成领域发挥出越来越重要的作用。

## 变分自编码器：让 ChatGPT 更好地理解语言

在自然语言处理领域，人们通常使用神经网络模型来处理语言数据，其中循环神经网络（RNN）和 Transformer 是最常用的模型之一。这些模型可以用来生成文本、回答问题、进行翻译等。但是，这些模型在处理语言数据时，往往面临着一些挑战，如语义相似性、长距离依赖、稀疏性等问题。为了解决这些问题，研究人员们引入了变分自编码器（Variational Autoencoder，VAE）这一新型神经网络模型，用于处理自然语言数据。

## 从随机噪声中提取有意义的语言信息

VAE 是一种生成模型，可以从随机噪声中生成具有一定结构的数据。它由两个神经网络组成：编码器网络和解码器网络。编码器网络用于将输入数据转换为一个潜在向量，解码器网络则用于将潜在向量转换为输出数据。

VAE 的基本思想是，将输入数据映射到一个高维的潜在空间中，然后从这个潜在空间中采样，得到新的数据。这个潜在空间的维度比输入数据的维度低，因此可以将输入数据的高维结构压缩到低维的潜在空间中。在生成新数据时，只需要在潜在空间中采样，然后通过解码器网络将采样结果转换为新的数据即可。

VAE 的训练过程可以分为两个阶段：编码阶段和解码阶段。在编码阶段，将输入数据通过编码器网络映射到潜在空间中，然后通过采样得到一个潜在向量；在解码阶段，将潜在向量通过解码器网络转换为输出数据。整个训练过程的目标是最小化重构误差和潜在向量的分布误差。

## ChatGPT 中的变分自编码器

在 ChatGPT 中，研究人员将 VAE 应用于文本生成中，以改善机器对语言数据的理解能力。具体来说，他们将 VAE 作为 ChatGPT 的辅助模型，用于学习文本数据的潜在结构，并从中提取有用的信息。

在 ChatGPT 中，VAE 主要负责对话意图的提取和推断。具体来说，它被设计为将输入的文本转换为一个潜在向量，然后用这个潜在向量来生成更加符合用户意图的对话内容。VAE 的编码器网络接收一个对话历史作为输入，将其映射到一个潜在向量中。这个潜在向量包含了对话历史中的语义信息和意图信息。接着，解码器网络根据这个潜在向量生成下一个对话内容。

与传统的自然语言处理模型相比，ChatGPT 中的 VAE 具有以下优势。

#### 1. 更好的语义理解能力

VAE 可以学习文本数据的潜在结构，并从中提取有用的信息。这种能力使得 ChatGPT 可以更好地理解语言数据，从而生成更加准确和符合用户意图的对话内容。

#### 2. 更强的泛化能力

VAE 可以生成与训练数据不同但是符合潜在结构的新数据。这种能力使得 ChatGPT 可以更好地适应新的对话场景和语言习惯。

#### 3. 更好的可解释性

VAE 的潜在向量可以被解释为语义信息和意图信息。这种可解释性使得 ChatGPT 可以更好地调整对话内容，以适应用户需求。

举一个具体的例子：

假设我们要训练一个 ChatGPT 模型，用于生成有关旅游的对话内容。我们可以先收集大量的旅游对话数据集，其中包括如下问句和回答。

问：去哪里旅游比较好？

答：如果你喜欢历史遗迹，可以去西安；如果你喜欢海滩，可以去三亚。

问：怎么去西安？

答：你可以坐飞机或者坐火车去西安。

上例中，在输入是“去哪里旅游比较好？”时，编码器网络可以将其映射为一个潜在向量，其中包含了“旅游”和“推荐景点”这两个意图信息。接着，解码器网络根据这个潜在向量生成下一个对话内容。例如，在潜在向量包含了“推荐景点”这个意图信息时，解码器网络可以生成“如果你喜欢历史遗迹，可以去西安；如果你喜欢海滩，可以去三亚。”这样的回答。

通过引入 VAE 模型，ChatGPT 可以更加准确地理解用户的意图，从而生成符合用户需求的对话内容。这种技术可以被广泛应用于各种自然语言处理任务，如文本生成、问答系统、机器翻译等。

## 自回归模型：用 ChatGPT 创造自然语言

自然语言处理（Natural Language Processing，NLP）一直是

人工智能领域的一个重要分支，它涉及人机交互、文本分析、信息检索、机器翻译等各个方面。

自回归模型是一类基于概率模型的生成模型，它可以从历史序列中预测下一个单词或字符。常见的自回归模型包括循环神经网络（RNN）和 Transformer。为了解决这些模型中存在的语义相似性、稀疏性等问题，研究人员们将自回归模型引入到文本生成任务中，其中最著名的模型就是 GPT（Generative Pre-trained Transformer，GPT）。GPT 是一种基于 Transformer 的自回归模型，它可以生成自然语言文本，比如文章、新闻、故事等。

## 从历史中生成未来

循环神经网络（Recurrent Neural Network，RNN）和基于注意力机制的 Transformer 是两种常用的神经网络模型，可以用来从历史序列中生成未来的文本。

RNN 是一种特殊的神经网络，适用于处理序列数据，如语音、文本、时间序列等。RNN 的特点是可以利用当前的输入和上一时刻的状态，生成当前时刻的输出和下一时刻的状态。因此，RNN 可以从历史序列中预测下一个单词或字符。但是，当处理长序列数据时，RNN 会面临梯度消失或梯度爆炸的问题，这影响了其在实际应用中的表现。为了解决 RNN 的这个缺点，研究人员们引入了 LSTM（Long Short-Term Memory）和 GRU（Gated Recurrent Unit）等改进型 RNN 模型。LSTM 和 GRU 能够更好地处理长序列数据，并在机器翻译、文本生成等任务中取得了良好的效果。

Transformer 是一种基于注意力机制的神经网络模型，同样可以处理序列数据，如文本、语音、时间序列等。Transformer 的特点是可以并行计算，因此在处理长序列数据时比 RNN 更加高效。Transformer 模型被广泛应用于机器翻译、自然语言生成等任务中。

## ChatGPT 中的自回归模型

ChatGPT 是一种基于 Transformer 的自回归模型，它由多层 Transformer 模块组成，可以生成各种自然语言文本，如文章、新闻、故事等。

在 GPT 模型中，输入是一段文本序列，如一篇文章的前几个句子，然后模型预测下一个单词或字符，并将其添加到序列中。接着，模型将更新其状态，并预测下一个单词或字符，一直重复这个过程，直到生成了一篇完整的文本。

ChatGPT 可以自动学习自然语言文本的模式和规律，并生成语义连贯的文本。ChatGPT 的主要优点是可以在没有任何人类监督的情况下，自动地学习自然语言文本的模式和规律，并生成具有连贯性的文本。

ChatGPT 的训练过程可以分为两个阶段：预训练和微调。预训练阶段是在大规模文本数据上进行的，用于学习自然语言文本的模式和规律，如词汇、语法和上下文关系。在预训练过程中，ChatGPT 使用了一个称为掩码语言模型（Masked Language Model，MLM）的任务，该任务要求模型预测掩码位置上的单词或字符。这个任务可以训练模型预测上下文信息，从而提高模型的语言理解能力。

在微调阶段，ChatGPT 将预训练模型应用于特定的 NLP 任务，如文本分类、情感分析、问答系统等。微调过程中，ChatGPT 的模型参数将被调整，以最大程度地提高模型在特定任务上的性能。除了文学创作，ChatGPT 还可以应用于各种 NLP 任务，如机器翻译、问答系统、情感分析等。例如，在问答系统中，ChatGPT 可以回答用户的问题，提供有用的信息和建议。在机器翻译中，ChatGPT 可以将一种语言翻译成另一种语言，从而为跨语言交流提供便利。

另外，ChatGPT 还可以应用于创作音乐、绘画等艺术领域。例如，音乐产品、虚拟作曲家 Aiva（Artificial Intelligence Virtual Artist）就是一种基于 GPT 的自动作曲系统。Aiva 使用 ChatGPT 生成自然语言描述的乐曲片段继续完善，并通过人类音乐家的编辑和演奏，最终创作出完整的乐曲。这种基于人工智能的音乐创作方式不仅节省了时间和成本，而且可以在不同的音乐风格和情感表达中进行探索，为音乐创作提供新的思路和可能性。

除了音乐创作，ChatGPT 还可以应用于生成绘画、设计等艺术领域。例如，ArtBreeder 就是一种基于 GPT 的人工智能创意工具，可以生成具有创意性的图像、音乐和视频。ArtBreeder 通过对不同的艺术元素进行组合和变换，生成具有新奇和美感的艺术品。这种基于人工智能的艺术创作方式不仅提供了新的艺术表现形式，而且可以激发人们的创造力和想象力。

尽管 ChatGPT 已经取得了一定的成果，但是它仍然存在一些局限性和挑战。其中一个主要的问题是“样本外推”问题，即模型生成的文本与训练数据类似，缺乏新颖性和创意性。为了解决这个问题，研究人员们提出了一些改进方法，如结合多个模型、引入外部知识等；另一个问题是模型的解释性不足，即难以理解模型生成文本的原因和过程。为了解决这个问题，研究人员们提出了一些可解释的人工智能技术，如基于规则的方法、可视化方法等。

总之，ChatGPT 作为一种基于自回归模型的自然语言处理技术，具有广泛的应用前景和发展潜力。它不仅可以应用于文学创作和自然语言处理领域，而且可以为艺术、设计等领域带来新的机遇和可能性。

# 第 7 章

# ChatGPT 的评估优化：让 AI 变得更强

NLP 的发展一直在取得突飞猛进的进展，而 GPT 模型系列的出现更是让 NLP 的研究者们看到了更加广阔的发展空间。但是，一种好的模型不仅需要能够正确地处理输入，还需要经过严格的评估和优化才能达到最佳的性能。

本章将介绍如何评估和优化 ChatGPT 的性能，让 AI 变得更加强大。

## 困惑度指标：了解模型的表现

在 NLP 领域，困惑度是衡量语言模型表现的重要指标之一。

## 什么是困惑度

困惑度的作用是用来衡量模型对于给定的序列的预测能力，也就是说，困惑度越低，表示模型对于给定序列的预测能力越强。

在自然语言处理中，语言模型的任务是对一个给定的文本序列进行预测，如给定“今天天气真不错”这个序列，模型需要预测出接下来可能出现的单词，比如“去爬山”或者“去游泳”等。困惑度就是用来衡量模型对于预测出来的单词的准确性的。

困惑度的计算方式比较复杂，但是可以理解为给定一个长度为 $n$ 的文本序列，模型预测下一个单词的困难程度。也就是说，给定文本序列 $w_1, w_2, \cdots, w_n$ 的情况下，模型预测下一个单词 $w_{n+1}$ 的困惑度 $PP(w_{n+1} | w_1, w_2, \cdots, w_n)$ 表示为：

$$PP(w_{n+1} | w_1, w_2, \cdots, w_n) = P(w_{n+1} | w_1, w_2, \cdots, w_n)^{-\frac{1}{n+1}}$$

其中，$P(w_{n+1} | w_1, w_2, \cdots, w_n)$ 表示给定文本序列 $w_1, w_2, \cdots, w_n$ 的情况下，模型预测 $w_{n+1}$ 的概率。简单来说，困惑度就是对于一个给定的文本序列，模型预测出来的单词概率的倒数。

以下举例说明：

比如我们有一个文本序列“我爱学习，学习使我快乐”，模型预测下一个单词可能是“编程”。那么困惑度就是表示模型预测出来的“编程”这个单词的概率，如果这个概率比较低，那么困惑度就会比较高。

再举一个例子：

假设有一个由词汇表中4个单词（$A$、$B$、$C$、$D$）组成的语料库，其中单词$A$出现了4次，单词$B$出现了2次，单词$C$出现了3次，单词$D$出现了1次。现在有一个基于该语料库训练的语言模型，我们用这个模型来预测下一个单词，给出以下两个预测结果：

- 预测1：$A$的概率为0.5，$B$的概率为0.3，$C$的概率为0.1，$D$的概率为0.1。
- 预测2：$B$的概率为0.4，$C$的概率为0.4，$D$的概率为0.1，$A$的概率为0.1。

在这个例子中，预测1和预测2的困惑度分别为：

- 困惑度1=$1/(0.5*0.25+0.3*0.125+0.1*0.111+0.1*0.5)\approx4.47$。
- 困惑度2=$1/(0.4*0.125+0.4*0.375+0.1*0.111+0.1*0.5)\approx3.83$。

由于困惑度2小于困惑度1，因此预测2更接近于实际情况，也就是说，基于该语料库的语言模型更可能预测出单词$B$、$C$或$D$。因此，困惑度可以作为评估语言模型性能的一种重要指标。

在实际应用中，我们通常会使用一个测试集合来评估模型的困惑度，这个测试集合包含了多个文本序列，可以将这些文本序列输入到模型中，然后计算出整个测试集合的困惑度。通过困惑度的评估，我们可以了解模型的表现，并且进一步优化模型的性能。

## 如何计算困惑度

计算困惑度的方法与模型和数据集的特点有关。通常情况下，计算困惑度需要将数据集划分成训练集、验证集和测试集三个部分。

在训练过程中，模型通过最小化训练集上的损失函数来进行优化。在验证集上计算困惑度，可以帮助我们选择模型的超参数（如学习率、批次大小、模型深度等），以便获得更好的模型性能。在测试集上计算困惑度，可以评估模型的泛化性能，即在未见过的数据上的性能表现。

具体地，给定一个包含 $m$ 个文本序列的测试集合 $D=\{w^{(1)},w^{(2)},\cdots,w^{(m)}\}$，困惑度的计算公式如下：

$$PP(D)=\exp\{-\frac{1}{N}\sum_{i=1}^{N}\log_2 P(w_i|w_{i-1},w_{i-2},\cdots,w_{i-n+1})\}$$

其中，$N$是测试集中所有文本序列的长度之和，$P(w_i|w_{i-1},w_{i-2},\cdots,w_{i-n+1})$是模型在给定上文 $w_{i-1},w_{i-2},\cdots,w_{i-n+1}$的情况下，预测当前单词 $w_i$的概率。

举个例子，如果我们有一个三元语言模型（即使用前两个词来预测下一个词），并且想要计算给定一个测试集的困惑度，那么需要将测试集中的每个句子拆分为三个词的序列，并计算每个序列的困惑度。例如，对于一个测试集合包含以下两个句子：

"I love ChatGPT."

"ChatGPT loves me."

我们需要将它们拆分为以下词汇序列：

["I", "love", "ChatGPT", "."]

["ChatGPT", "loves", "me", "."]

然后，我们可以使用上面的公式计算这些序列的困惑度，以评估模型在测试集上的性能。

我们再来举一个生活中的例子。

假设你预测了一个包含 10 个单词的序列，并且正确预测了其中的 8 个单词。现在，我们来计算它的困惑度。

首先，我们需要找到每个单词的概率，假设模型预测的概率如下。

- 前 8 个单词预测正确的概率分别为：0.9、0.8、0.7、0.9、0.95、0.85、0.95、0.8。
- 第 9 个单词预测错误，但是它的概率为 0.1。
- 第 10 个单词预测错误，但是它的概率为 0.25。

然后，我们需要计算每个单词的贡献，即对数概率的相反数。对于前 8 个单词，它们的贡献分别为：

$\log(0.9)^{-1} \approx 1.05$

$\log(0.8)^{-1} \approx 1.32$

$\log(0.7)^{-1} \approx 1.61$

$\log(0.9)^{-1} \approx 1.05$

$\log(0.95)^{-1} \approx 0.05$

$\log(0.85)^{-1} \approx 1.24$

$\log(0.95)^{-1} \approx 0.05$

$\log(0.8)^{-1} \approx 1.32$

对于第 9 个和第 10 个单词，它们的贡献分别为：

$\log(0.1)^{-1} \approx 2.30$

$\log(0.25)^{-1} \approx 1.39$

接下来，我们需要将每个单词的贡献相加，并求平均值，即 $$\frac{1.05+1.32+1.61+1.05+0.05+1.24+0.05+1.32+2.30+1.39}{10} \approx 1.05$$。

最后，我们需要将这个平均值取指数，并求其倒数，即 $$\exp(-1.05)^{-1} \approx 2.64$$。

因此，这个预测序列的困惑度为 2.64。这个值越小，表示你的猜测准确性越高，反之则越低。

当然，实际的困惑度计算要比这个例子复杂得多，因为它要考虑到序列的长度、概率的连乘等因素。但是通过这个例子，我们可以对困惑度的概念和计算方法有一个初步的了解。

## 人类评估：让机器听取你的声音

在评估 ChatGPT 模型的性能时，人类评估是一个必不可少的步骤。虽然自动评估指标（如困惑度）能够较好地评估模型的性能，但是在语言理解和生成的任务中，人类的评估仍然是最可靠的评估方法。

### 什么是人工评估方法

人工评估是指通过人类专家的主观评价来评估模型的性能，常用于对文本生成模型的评估。人工评估通常采用双盲评估的方式，即对模型生成的文本进行人工评估时，评估者不知道该文本是由机器生成的还是由人类生成的。

人工评估方法主要有以下 3 种。

1）人工打分法：要求人类专家根据一定的标准对 ChatGPT 生成的句子进行打分。例如，对于一句话的流畅度、语法正确性、上下文连贯性等方面进行打分。打分的结果可以用平均分或百分比等方式汇总。

2）人工标注法：要求人类专家对 ChatGPT 生成的句子进行标注，如判断句子的情感倾向、主题分类等。标注结果可以用分类准确率或 Kappa 系数等方式进行统计和分析。

3）人工纠错法：要求人类专家对 ChatGPT 生成的句子进行纠错，如纠正语法错误、拼写错误等。可以根据纠错的数量和纠错的正确率等指标来评估 ChatGPT 的表现。

虽然人工评估方法在一定程度上可以提高评估的准确性，但是它也存在一些问题。首先，人工评估需要耗费大量的人力和时间，因此难以应用于大规模的数据集。其次，人工评估往往存在主观性，不同评估者的评价标准和主观经验可能存在差异，这也会影响评估的准确性。

## 评估注意要点和应用场景

在进行 ChatGPT 的人工评估时，需要注意以下几点。

1）评估样本的选择要具有代表性，避免因为样本不足或样本偏差等原因导致评估结果失真。

2）设计评估标准和方法时要充分考虑实际需求和应用场景，避免评估标准过于复杂或过于简单。

3）评估过程中需要保证人工专家的资质和素质，避免因为人为因素导致评估结果不准确。

4）评估结果需要进行统计和分析，并结合自动评估结果进行综合分析。

举个例子，假设我们要对 ChatGPT 进行情感倾向分析的人工评估，可以设计如下评估标准和方法。

1）针对 ChatGPT 生成的句子，要求人工专家对其情感倾向进行标注，标注的情感倾向包括积极、中性、消极等。

2）评估样本可以选择一定数量的带有情感倾向的句子，包括一些典型的情感表达和一些容易出错的语句，例如：

“我非常喜欢狗，因为他们总是很亲人。” 这句话的情感倾向应为积极，但是因为“很亲人”一词没有表达清楚，可能会被误判为消极。

“我觉得这部电影还可以，但是我看过很多次了。” 这句话的情感倾向应为中性，但是因为“但是我看过很多次了”这句话的影响，可能会被误判为消极。

在评估过程中，人工专家需要根据标准进行标注，并记录下标注的结果和理由，以便进行后续的分析和统计。评估结果可以用准确率、召回率、F1 分数等指标来评价 ChatGPT 的情感分析能力。

除了情感分析，人工评估还可以用于其他方面的评估，如 ChatGPT 的回复是否合理、是否具有创造性、是否遵循一定的道德标准等。在实际应用中，不同的评估标准和方法可以根据具体需求和场景进行设计，以达到更好的评估效果。

下面列举一些常见的 ChatGPT 输出的人工评估方法和应用场景：

1）语言流畅度评估：要求人工专家对 ChatGPT 生成的句子进行流畅度评估，包括语法、上下文连贯性等方面。评估结果可以用平均分或百分比等方式汇总。应用场景包括在线客服、语音助手等需要进行自然对话的场景。

2）情感倾向分析：要求人工专家对 ChatGPT 生成的句子进行情感倾向标注，包括积极、中性、消极等。评估样本可以选择一定数量的带有情感倾向的句子，包括一些典型的情感表达和一些容易产生歧义的句子。评估结果可以用分类准确率或 Kappa 系数等方式进行统计和分析。应用场景包括情感分析、舆情监测等需要对文本情感进行分析的场景。

3）对话质量评估：要求人工专家对 ChatGPT 生成的对话进行评估，包括对话的流畅度、逻辑连贯性、回答准确性等方面。评估结果可以用平均分或百分比等方式汇总。应用场景包括在线客服、语音助手等需要进行自然对话的场景。

4）主题分类评估：要求人工专家对 ChatGPT 生成的句子进行主题分类标注，如对新闻进行分类。评估结果可以用分类准确率或 Kappa 系数等方式进行统计和分析。应用场景包括新闻推荐、信息检索等需要对文本进行分类的场景。

5）语义相似度评估：要求人工专家对 ChatGPT 生成的句子进行语义相似度比较，如判断两个句子是否意思相同。评估结果可以用 Pearson 相关系数、Spearman 相关系数等方式进行统计和分析。应用场景包括文本匹配、问答系统等需要对句子语义进行比较的场景。

这些人工评估方法和应用场景只是一部分，根据具体的需求和场景还可以进行更多的人工评估。人工评估虽然有一定的成本和时间，但对于 ChatGPT 的质量提升和改进具有重要的意义。

以下举例进行说明。

案例一。假设我们要对 ChatGPT 生成的对话进行人工评估，我们可以从日常对话的场景中选取一些典型的对话，例如：

用户：请问明天天气怎么样？

ChatGPT：明天会有雷雨，需要注意防雷防雨哦。

这句话的评估标准可以包括流畅度、语法正确性、信息准确性等方面。我们可以要求人工专家对这句话进行打分，如流畅度打 7 分，语法正确性打 8 分，信息准确性打 9 分。也可以要求人工专家对这句话进行标注，如情感倾向为中性，主题分类为天气查询。

在这个例子中，我们需要注意评估样本的代表性，不能仅仅从 ChatGPT 生成的句子中选择一些典型的例子，也要考虑到不同场景、不同语言、不同文化的差异。同时，在评估过程中，需要保证人工专家的资质和素质，避免因为人为因素导致评估结果不准确。最终评估结果需要进行统计和分析，结合自动评估结果进行综合分析，以得出更加准确和可靠的评估结论。

案例二。假设我们要对 ChatGPT 进行情感倾向分析的人工评估，可以设计如下评估标准和方法：

针对 ChatGPT 生成的句子，要求人工专家对其情感倾向进行标注，包括积极、中性、消极等。评估样本可以选择一定数量的带有情感倾向的句子，这些句子应包括一些典型的情感表达和一些难以确定情感倾向的句子，例如：

“今天的天气真好，阳光明媚，我觉得心情很舒畅。”这句话的情感倾向应为积极。

“这家餐厅的服务态度很差，让人很不满意。”这句话的情感倾向应为消极。

“这个问题很难回答，需要更多的数据来支持。”这句话的情感倾向应为中性。

“人类对宇宙的探索是一项重要的使命，需要投入更多的精力和资源。”这句话的情感倾向难以确定。

在进行标注时，应该注意避免情感倾向被特定的单词或短语所误导。同时，需要综合考虑整个句子的语境和表达方式，以尽可能准确地判断其情感倾向。评估过程中应选择具有代表性的样本，并随机选取评估者进行标注，以避免主观因素对评估结果的影响。

最终的评估结果应该基于多个评估者的标注，使用一定的统计方法对标注结果进行汇总和分析，以得到最终的情感倾向分布情况。

## 应用性能评估：看看 ChatGPT 的“真本事”

在 ChatGPT 的应用过程中，我们需要对其性能进行评估，以便了解其真实的表现。应用性能评估通常包括指标选择、实验设计和结果分析等几个方面。

## 应用性能评估指标

应用性能评估指标需要根据具体的应用场景和需求进行选择。

下面列举一些常用的指标：

- 准确率（Accuracy）：指 ChatGPT 输出的正确率，即 ChatGPT 生成的答案与标准答案一致的比例。准确率是衡量 ChatGPT 性能的基本指标，常用于问答系统、对话系统等应用场景中。
- 召回率（Recall）：指 ChatGPT 正确输出的占标准答案总数的比例，即标准答案中有多少被 ChatGPT 正确输出了。召回率通常用于信息检索、文本分类等应用场景中。
- 精确率（Precision）：指 ChatGPT 正确输出的占 ChatGPT 总输出数的比例，即 ChatGPT 输出中有多少是正确的。精确率通常用于信息检索、文本分类等应用场景中。
- F1 值（F1 Score）：综合考虑召回率和精确率的指标。F1 值是精确率和召回率的调和平均值，F1 值越高，说明 ChatGPT 的性能越好。
- 多样性（Diversity）：指 ChatGPT 生成的答案是否多样化，是否能够输出多种不同的答案。多样性通常用于聊天机器人等需要进行多轮对话的应用场景中。

- 实时性（Latency）：指 ChatGPT 生成答案的时间，即从接收到问题到生成答案所花费的时间。实时性通常用于在线客服等对时间要求较高的应用场景中。
- 可靠性（Reliability）：指 ChatGPT 生成的答案是否可靠，是否能够稳定输出正确的答案。可靠性通常用于对话机器人等需要进行长时间对话的应用场景中。

## 如何设计实验并评估性能?

在进行应用性能评估时，我们需要设计实验并评估性能。下面介绍一些实验设计的注意事项：

### 1. 选择合适的数据集

选择合适的数据集是评估 ChatGPT 性能的关键。数据集应该具有代表性，能够覆盖各种不同的问题类型和语言风格。同时，数据集应该有一定的规模和难度，能够全面地评估 ChatGPT 的性能。例如，在问答系统中，可以选择包含各种问题类型和难度的知名问题库，如 SQuAD、TriviaQA 等。

### 2. 设置合理的评估指标

评估指标需要根据具体的应用场景和需求进行选择。通常需要同时考虑准确率、召回率、F1 值等多个指标，以全面评估 ChatGPT 的性能。

### 3. 设置对照组

设置对照组是评估 ChatGPT 性能的重要手段。对照组可以是其他已有的模型，也可以是人工标注的答案。对照组的设置可以帮助我们更好地评估ChatGPT的性能，发现其优劣之处。例如，在问答系统中，可以与其他知名的问答系统进行对比，比较其准确率、召回率、F1值等指标。

4. 多次实验取平均值

由于实验过程中存在许多随机因素，所以进行多次实验并取平均值可以更准确地评估ChatGPT的性能。同时，还可以计算标准差、置信区间等统计数据，进一步评估ChatGPT性能的可靠性。

下面举一个例子来说明如何进行应用性能评估：

假设我们要评估ChatGPT在问答系统中的性能，我们可以按照以下步骤进行：

1）选择SQuAD数据集作为评估数据集，该数据集包含各种类型的问题和难度。

2）设置评估指标，包括准确率、召回率、F1值等。

3）设置对照组，选择知名的问答系统作为对照组，并与其进行对比。

4）进行多次实验并取平均值，计算标准差、置信区间等统计数据，评估ChatGPT的性能可靠性。

通过这些步骤，我们可以全面地评估ChatGPT在问答系统中的性能，发现其优劣之处，从而对ChatGPT进行优化和改进。

在实际应用中，应用性能评估是一个重要的环节。只有了解ChatGPT真实的表现，才能更好地进行优化和改进。同时，评估指标的选择、实验设计的合理性等因素也会直接影响到评估结果的可靠性。因此，我们需要在评估过程中注意这些细节，以确保评估结果的准确性和可靠性。

再举一个例子：

假设我们正在评估一个电商平台上的聊天机器人，这个机器人能够回答用户的商品咨询、处理订单问题等。为了评估其应用性能，我们设计了如下实验。

首先，我们需要选择一定数量的代表性数据，包括一些典型的商品咨询问题和一些容易产生歧义的问题。例如：

用户："我想买一件蓝色的T恤，你们有吗?"

用户："我的订单一直显示待处理，怎么回事?"

用户："这个商品的退货政策是什么?"

接下来，我们需要将这些问题输入到聊天机器人中，记录机器人的回答，并将其与标准答案进行比对，计算准确率、召回率、精确率、F1值等指标。在这个过程中，我们还可以观察机器人的回答是否多样化，能否处理用户提出的不同问题。

除了基本的指标之外，我们还需要关注机器人的实时性和可靠性。在这个实验中，我们可以通过模拟多个用户同时向机器人提出问题，观察机器人的响应时间和处理能力，以及是否能够稳定地输出正确的答案。

通过这样的实验，我们可以全面地了解聊天机器人的应用性能，发现其优缺点，并针对性地进行优化和改进，提高其真正的"本事"。

## 精准优化：提高 ChatGPT 的性能

为了让 ChatGPT 在各种应用场景下有更好的表现，我们需要进行精准优化。在优化过程中，我们需要考虑多种因素，包括给 ChatGPT 一个良好的起点、提高 ChatGPT 的学习效率、防止 ChatGPT 过拟合，以及让 ChatGPT 的学习更丰富。

### 给 ChatGPT 一个良好的“起点”

对于一个新的 ChatGPT 模型，它的性能通常很难达到最佳水平，需要经过一定的训练才能达到预期的效果。因此，在训练之前，我们需要为 ChatGPT 提供一个良好的“起点”。

例如，当我们学习写作文时，我们需要先学会基本的语法和单词，才能够写出优秀的作文。同样，ChatGPT 也需要一个良好的“起点”，才能够达到更好的性能。我们可以使用预训练模型（Pre-trained Model）作为 ChatGPT 的起点。预训练模型已经在大规模数据集上进行了训练，可以提供良好的性能，并且可以避免从零开始训练模型的时间和资源成本。

除此之外，我们还可以使用迁移学习（Transfer Learning）的方法来给 ChatGPT 提供一个良好的起点。迁移学习是指将已经学习到的知识迁移到新的领域或任务上。例如，当我们学会了英语，想要学习西班牙语时，可以将英语中学到的语法知识和单词应用到西班牙语学习中，从而更快地掌握新的语言。

同样地，我们可以使用一个已经训练好的 ChatGPT 模型来对特定领域的语料库进行微调，从而得到一个更适合该领域的 ChatGPT 模型。

## 让 ChatGPT 的学习效率更高

在训练 ChatGPT 模型时，学习效率是非常关键的。如果学习效率过低，会导致模型收敛速度过慢，训练时间过长，反之则可能导致过拟合。因此，我们需要采取措施来提高 ChatGPT 的学习效率。

例如，当我们在学习一门新的知识时，如果每次只学习一个知识点，那么我们需要很长时间才能够掌握全部的知识。而如果每次学习多个知识点，我们就可以更快地掌握全部的知识点。我们可以使用批量训练（Batch Training）的方法来提高 ChatGPT 的学习效率。批量训练是指将训练数据分成若干个批次进行训练，每个批次包含多个样本。这样可以减少参数更新的频率，提高训练效率。

除此之外，我们还可以使用自适应学习率（Adaptive Learning Rate）的方法来提高学习效率。自适应学习率是指根据模型的表现来动态调整学习率的大小。当模型的表现较差时，学习率会降低，以便更好地更新参数；当模型的表现较好时，学习率会增加，以便更快地收敛。

## 防止 ChatGPT 过拟合

过拟合是指模型在训练数据上表现很好，但在测试数据上表现很差的现象。这种现象可能是由于模型过度拟合了训练数据，导致无法泛化到新的数据集。为了防止 ChatGPT 出现过拟合，可以采取以下措施。

例如，当我们背诵一篇文章时，如果只在短时间内反复背诵同一篇文章，可能会临时记住文章的内容，但难以长期记忆。而如果我们选择多篇不同的文章背诵，就可以更好地记住文章的内容，并且更容易将所学的知识应用到实际中。

可以使用正则化（Regularization）的方法来防止过拟合。正则化是指在目标函数中增加一个正则项，以限制模型参数的大小。这样可以使得模型更加平滑，减少过拟合的风险。

此外，还可以使用 dropout 的方法来防止过拟合。dropout 是指在训练过程中随机删除一些神经元，以减少不同神经元之间的依赖关系，从而使得模型更加鲁棒，减少过拟合的风险。

## 让 ChatGPT 的学习更丰富

为了让 ChatGPT 具有更好的表现，我们需要让它的学习更加丰富。这包括增加训练数据的多样性、增加模型的复杂度，以及提高模型的可解释性。

例如，当我们在学习语言时，如果只掌握了一些基本的词汇和语法规则，我们的语言能力可能还比较有限。而如果在学习语言的过程中不断接触不同的话题，阅读不同类型的文章，就可以更好地掌握语言，并且能够更好地表达自己的想法。

同样地，我们可以增加训练数据的多样性来让 ChatGPT 的学习更加丰富。可以使用不同领域、不同语言、不同风格的语料库进行训练，从而让 ChatGPT 学习到更多的知识，更好地适应各种应用场景。

此外，我们还可以增加模型的复杂度来让 ChatGPT 的学习更加丰富。可以增加模型的层数、增加神经元的数量，从而提高模型的表现。不过需要注意的是，过度增加模型的复杂度可能会导致过拟合，因此需要适当地进行调整。

最后，我们还可以提高模型的可解释性来让 ChatGPT 的学习更加丰富。可以通过可视化、解释性模型等方法来理解模型的决策过程，从而更好地调整模型的参数和超参数。同时，提高模型的可解释性还可以帮助我们更好地理解 ChatGPT 的工作原理，以在实际应用中进行问题排查和优化。

第 3 篇

# 应用领域：ChatGPT 能做什么？为人类“创造力”赋能

人工智能的应用已经遍布各行各业，ChatGPT 作为一种新兴的 AI 技术，更是被广泛应用于内容创作、办公辅助、艺术创作、教育、语言学习、智能合约、社交网络、游戏等领域。

本篇将为您详细介绍 ChatGPT 的应用领域，如何利用 ChatGPT 的智能“大脑”为人类“创造力”赋能，以及未来 AI 与 Web3、元宇宙的融合将会给人类带来怎样的惊喜和变革。

让我们一起进入这个充满创意和未来感的领域，探索 ChatGPT 在各个领域的应用和发展吧！

# 第 8 章

## 用 ChatGPT 进行内容创作：激活你的创造力

在当前数字化时代，创作者经济变得越来越繁荣。人们越来越意识到创造力的重要性，不仅在文学艺术领域，在商业和科学等领域中也变得越来越重要。然而，创作过程却通常是烦琐且费时的。

为了满足日益增长的创作需求，提高创作效率变得至关重要。这就是为什么越来越多的人开始寻找工具和技术来帮助他们更快地生成高质量的内容。ChatGPT 作为一种基于深度学习的自然语言生成技术，已经成为许多创作者和内容创造者的首选工具之一。

本章将介绍如何利用 ChatGPT 这一强大的 AI 工具进行内容创作，包括文字创作、辅助办公、生成艺术、音乐创作、视频创作、儿童教育和英语学习等方面。

# 文字创作：让 ChatGPT 帮你文思泉涌

## 如何用 ChatGPT 激发灵感创作出新颖的故事

故事是人类文化的重要组成部分，也是一种重要的表达方式。然而，想要创作出新颖的故事却不是一件容易的事情。在这种情况下，ChatGPT 可以帮助我们激发灵感，创作出更加丰富多彩的故事。

首先，我们可以为 ChatGPT 提供一些关于故事的背景知识。例如，我们可以输入一些故事的主题或者背景，让 ChatGPT 了解故事的情节和主要角色。然后，可以输入一些关键词或者情节，让 ChatGPT 根据这些关键词或者情节来生成故事的剧情。最后，可以对生成的故事进行修改和润色，使其更加符合我们的需求。

举个例子，假设我们想创作一篇科幻故事，但是缺乏灵感，可以让 ChatGPT 帮助我们激发灵感并创作出故事。

首先，可以输入一些有关科幻题材的关键词，如“太空船”“外星人”“时空旅行”等，让 ChatGPT 了解我们想要创作的故事主题和背景。然后，可以输入一些故事的关键情节或者事件，如“一位宇航员发现了一个神秘的星球”“外星人突然来到了地球”“一群人穿越时空到了未来”等，让 ChatGPT 根据这些关键情节或者事件来生成故事的剧情。

ChatGPT 可以根据输入的关键词和情节，自动生成一个充满想象力的故事，例如：

"在一个不远的未来，人类已经征服了太空，探索了无数星球。某天，一艘太空船上的宇航员发现了一颗神秘的星球。这颗星球看起来很普通，但是却隐藏着一个无比神秘的秘密。当宇航员们降落到这颗星球时，他们发现这里居然住着一群高度发达的外星人。这些外星人是一种非常智慧的生物，可以通过思维控制物质，实现超越人类的能力。宇航员们被这些外星人的能力所吸引，他们开始学习并掌握这种能力。但是，他们很快就发现，这种能力并非无所不能。在与外星人的学习和交流中，宇航员们发现了一个更加重要的秘密，这个秘密将彻底改变人类的命运。"

通过 ChatGPT 的帮助，我们成功创作出了一个科幻故事，而且故事中的情节和角色都非常有趣和引人入胜。在这个过程中，ChatGPT 帮助我们激发了灵感，并为我们提供了一个良好的创作起点，使我们可以更轻松地创作出优秀的故事。

再举一个例子，如果你是一位网络作家，想创作一个"普通人奋斗"的成功故事，那么具体方法如下。

首先，作家需要为 ChatGPT 提供一些关于故事背景的信息，如故事发生的时间、地点和主人公的基本情况等。这些信息可以帮助 ChatGPT 更好地理解故事的背景和情境。然后，小说家可以输入一些关键词或者情节，让 ChatGPT 根据这些关键词或者情节来生成故事的剧情。例如，小说家可以输入"从失败到成功的奋斗过程”“突破自我限制”等关键词，让 ChatGPT 生成一些与这些关键词相关的故事情节。

在生成故事的过程中，作家需要不断地对 ChatGPT 生成的文本进行修改和润色，使其更加符合故事的情节和人物形象。例如，作家可以增加一些细节，使得故事更加生动和有趣。

最后，作家可以将 ChatGPT 生成的文本与自己的创意相结合，创作出更加丰富多彩的故事。例如，作家可以结合自己的人生经历和观察到的社会现象，加入一些个人的思考和创意，使得故事更加深刻有意义。

总之，使用 ChatGPT 创作小说可以大大提高创作效率，同时也能够带来很多新的灵感和想法。作家可以根据需要不断地进行修改和润色，使得故事更加符合自己的创意和预期，从而创作出更加优秀的作品。

## 如何使用 ChatGPT 撰写引人入胜的广告文案

广告文案是吸引消费者的关键因素之一。ChatGPT 可以帮助我们撰写引人入胜的广告文案，吸引更多的目标客户。

首先，需要为 ChatGPT 提供一些关于广告文案的背景知识。例如，可以输入一些有关产品或服务的信息，让 ChatGPT 了解产品或服务的特点和优势。

然后，我们需要确定广告文案的目标受众特征，如年龄、性别、兴趣等。

接下来，我们可以输入一些关键词或者主题，让 ChatGPT 根据这些关键词或者主题来生成广告文案。

下面举两个例子：

例子一：某家庭医生诊所希望在社交媒体上宣传自己的服务。

第一步，输入关于医疗行业和诊所的一些关键词和信息，如家庭医生、诊所、预约就诊等。

第二步，确定目标受众为中老年人群，输入关键词“中老年人、健康、预防疾病”等。

第三步，根据关键词和目标受众，ChatGPT 可以生成以下广告文案：“找一家信赖的家庭医生，更好地关注您和家人的健康，为您的健康保驾护航！诊所预约就诊，享受更快捷的服务，更好的医疗体验！”

例子二：某化妆品品牌希望在电商平台上推广新品。

第一步，输入有关化妆品和品牌的信息和关键词，如新品上市、口碑、品牌价值等。

第二步，确定目标受众为年轻女性，输入关键词“时尚、美丽、自信”等。

第三步，根据关键词和目标受众，ChatGPT 可以生成以下广告文案：“不追逐时尚，只追求品质！品牌新品上市，口碑爆棚，专为现代女性量身定制，让你更美丽更自信！购买新品即可获得限量赠品，机不可失，赶快行动吧！”

在撰写广告文案的过程中，需要注意以下几点。

1）关键词和信息输入要尽可能详细和全面，以保证生成的广告文案贴合实际情况。

2）目标受众的确定至关重要，需要考虑到目标受众的年龄、性别、兴趣等因素，生成的广告文案才能更好地吸引他们的注意力。

3）在生成的广告文案中，需要注重文案的流畅性和易读性，同时要避免过度夸张和虚假宣传。

4）生成的广告文案仅仅是一个基础，还需要根据实际情况进行修改和润色，以达到更好的效果。

总的来说，使用 ChatGPT 可以帮助我们撰写出更具创意和吸引力的广告文案，从而更好地吸引目标受众。同时，需要注意文案的真实性和流畅性，以确保广告的实际效果。

## 辅助办公：用 ChatGPT 提升 Office 软件效率

在日常的工作中，我们经常需要使用 Office 软件，如 Word、Excel、PowerPoint 等。ChatGPT 可以帮助我们快速提高使用 Office 软件的效率，从而更加高效地完成工作任务。

### 如何在 Microsoft Word 中使用 ChatGPT

使用 ChatGPT 撰写高质量文本可以提高我们的工作效率，特别是在写作方面。通过 OpenAI API，我们可以在 Microsoft Word 中使用 ChatGPT 生成文本，如新闻稿、报告、邮件等。这一过程需要一些 Word 插件来完成。

下面是具体的步骤。

1）安装 OpenAI API for Word 插件。

2）打开 OpenAI API for Word 插件。在 Microsoft Word 中找到“插件”选项卡，依次选择“OpenAI API for Word”和“新建文档”。

3）在新建的文档中输入关键词或主题，如“人工智能”“科技发展趋势”等，然后单击“生成”按钮。

4）ChatGPT 生成文本。OpenAI API for Word 插件会自动将关键词或主题发送到 OpenAI API，API 会根据这些信息生成相应的文本。

5）修改和润色。根据需要对生成的文本进行修改和润色，使其更符合实际需求。

目前，OpenAI 官方并没有公布 Word 插件，因此我们需要依靠一些基于 OpenAI 开发的第三方插件来完成。

举一个例子。一款名为 Textio 的插件可以帮助用户在 Microsoft Word 中撰写高质量的招聘广告，步骤如下。

1）安装 Textio 插件并登录。

2）选择所需的招聘广告类型，如工作职位或公司简介。

3）输入相关的职位或公司信息。

4）单击“生成”按钮，ChatGPT 会生成一篇高质量的招聘广告。

5）根据需要对生成的文本进行编辑和修改。

另一个知名的基于 OpenAI 的 Word 插件是 TalkToTransformer，它可以在 Word 中生成文本，并且允许用户选择不同的模型和设置来生成不同类型的文本，如新闻、评论、小说等。

以下是在 Microsoft Word 中使用 TalkToTransformer 插件的步骤。

1）下载并安装 TalkToTransformer 插件。

2）打开 Word 文档并单击“插件”→“TalkToTransformer”。

3）在弹出的对话框中选择生成的文本类型，如“新闻”“评论”“小说”等。

4）输入一些关键词或者主题，单击“生成”按钮，等待插件生成文本。

5）对生成的文本进行修改和润色，使其更符合实际需求。

需要注意的是，不同的模型和设置会影响生成的文本质量和风格，需要根据实际需求进行选择。此外，生成的文本可能存在版权问题和不准确性，需要仔细检查和审查。

## 如何使用 ChatGPT 自动整理和分析数据

在 Excel 中使用宏可以帮助我们快速生成复杂的代码，进而帮助我们完成数据分析和处理任务，提高我们的工作效率。这一点尤其适用于不十分精通 Excel 操作的职场白领。

以下举 3 个例子进行说明：

1. 生成图表

假设我们需要在 Excel 中生成一个柱状图，可以按照以下步骤使用 ChatGPT。

1）打开 Excel，在宏视图中新建一个宏。

2）通过 ChatGPT 输入以下需求：“我想在选定的数据上创建一个柱状图，$x$ 轴为时间，$y$ 轴为数值，标题为柱状图。”

3）ChatGPT 将自动生成相应的 VBA 代码，代码如下。

```
Sub CreateBarChart()
    '选中数据区域
    Range("A1:B5").Select
    '插入柱状图
    ActiveSheet.Shapes.AddChart2(240, xlColumnClustered).Select
    '调整图表格式
    ActiveChart.SetSourceData Source:=Range("Sheet1!$A$1:$B$5")
    ActiveChart.FullSeriesCollection(1).XValues="='Sheet1'!$A
$2:$A$5"
    ActiveChart.SetElement (msoElementChartTitleAboveChart)
    ActiveChart.ChartTitle.Text="柱状图"
End Sub
```

4）这段代码将选中 A1:B5 区域的数据，插入一个柱状图，调整图表格式，并在图表上添加了一个标题。

5）接下来将生成的代码复制到 Excel 中。

6）在 Excel 中按下〈Alt+F11〉组合键打开 Visual Basic 窗口。

7）在左侧的项目资源管理器窗口中双击要创建宏的工作簿。

8）在模块中复制 ChatGPT 生成的 VB 代码。

9）按下〈F5〉键运行该宏，即可在 Excel 中生成一个柱状图。

10）根据需要对生成的图表进行进一步调整和修改。

通过使用 ChatGPT 生成的 VBA 代码，我们可以在 Excel 中快速生成需要的图表。

2. 数据的简单处理

假设我们需要在 Excel 中对一个包含上千行数据的表格进行数据分析和处理，可以按照以下步骤使用 ChatGPT。

1）打开 Excel，在宏视图中新建一个宏。

2）通过 ChatGPT 输入以下需求："我想对这个数据表格进行数据清洗，包括去重、筛选、转换格式等。"

3）ChatGPT 将自动生成相应的 VBA 代码，代码如下。

```
Sub DataCleaning()
    '去重
    ActiveSheet.Range("A1:B1000").RemoveDuplicates Columns:=1,
Header:=xlYes
    '筛选
    ActiveSheet.Range("A1:C1000").AutoFilter Field:=1, Criteria1:=
">50", Operator:=xlAnd
    '转换格式
    ActiveSheet.Range("A1:C1000").NumberFormat="0.00"
End Sub
```

4）将生成的代码复制到 Excel 的宏视图中并保存。

5）在 Excel 中选择要进行数据清洗的数据表格，运行刚才保存的宏。

6）Excel 将自动执行所生成的代码，完成数据清洗的任务。

7）根据需要对处理后的数据进行进一步分析和处理。

### 3. 自动化处理大量的文本数据

假设有一个包含几千个文本文件的文件夹，每个文件都包含数百行文本，我们需要快速地从这些文件中提取出有用的信息，如日期、关键字、作者等，并将其存储在一个 Excel 表格中。

可以按照以下步骤使用 ChatGPT 和 VBA 编写一个宏来实现这一任务。

1）打开 Excel 并创建一个新的工作簿。

2）在 Excel 的开发者选项卡中选择 Visual Basic，并打开 Visual Basic Editor。

3）在 Visual Basic Editor 中创建一个新的模块，并在其中编写 VBA 代码。代码的基本框架如下。

```
Sub ExtractData()
  '1.定义要搜索的文件夹路径
  '2.定义要提取的信息,如日期、关键字、作者等
  '3.循环搜索文件夹中的文件,读取每个文件的内容
  '4.使用 ChatGPT 识别并提取有用的信息
  '5.将提取的信息写入 Excel 表格中
End Sub
```

4）在代码中，首先需要定义要搜索的文件夹路径和要提取的信息，如下所示。

```
Dim FolderPath As String
FolderPath="C:\MyFolder"
```

```
Dim Keywords As Variant
Keywords=Array("Date", "Keyword", "Author")
```

5）然后我们需要循环搜索文件夹中的所有文件，并逐一读取每个文件的内容，如下所示。

```
Dim FileName As String
FileName=Dir(FolderPath & "\* .txt")

Do While FileName <>""
  '读取文件内容
  '...

  '处理文件内容
  '...

  '继续搜索下一个文件
  FileName=Dir
Loop
```

6）在处理文件内容时，我们需要使用 ChatGPT 识别并提取有用的信息。例如，我们可以使用以下代码来提取日期。

```
Dim DatePattern As String
DatePattern = "[0-9]{4}-[0-9]{2}-[0-9]{2}"

Dim DateRegex As Object
Set DateRegex = CreateObject("VBScript.RegExp")
DateRegex.Pattern = DatePattern

Dim Match As Object
Set Match = DateRegex.Execute(FileContent)
```

```
If Match.Count > 0 Then
  Dim DateString As String
  DateString = Match.Item(0).Value

  '将日期写入 Excel 表格中
  '...
End If
```

7）最后，我们需要将提取的信息写入 Excel 表格中。例如，我们可以使用以下代码将日期写入 Excel 表格中。

```
Dim RowIndex As Long
RowIndex = 1

'写入表头
For i = 0 To UBound(Keywords)
  Cells(1, i + 1) = Keywords(i)
Next

'写入数据
Cells(RowIndex + 1, 1) = DateString
```

通过以上步骤，我们即可以使用 ChatGPT 和 VBA 编写一个可以自动化整理和分析数据的 Excel 宏。

接下来，我们可以将生成的宏代码复制到 Excel 的代码窗口中，通过执行宏来完成数据分析和处理任务。

## 如何使用 ChatGPT 辅助设计出高质量的 PPT 演示文稿

ChatGPT 可以辅助我们设计出高质量的 PPT 演示文稿，帮助我们提高效率和创作质量。虽然 ChatGPT 并不能直接辅助排版，但是可以借助 PPT 自带的智能排版功能将生成的文本快速排版，使得 PPT 更加美观和易于阅读。

举个例子，假设我们需要在 PPT 中制作一份关于公司业务发展的演示文稿，我们可以按照以下步骤使用 ChatGPT。

1）打开 PPT，新建一份幻灯片。

2）在 ChatGPT 中输入演示文稿的主题和需要涉及的关键点。

3）ChatGPT 将自动生成一个包含各种关键点的提纲，并将其输出到剪贴板中。

4）将提纲粘贴到 PPT 中，并使用 PPT 自带的智能排版功能将其快速排版，如将提纲转换为独立的幻灯片或使用 PPT 自带的版式模板等。

5）根据需要修改和调整生成的幻灯片内容和版式，以满足实际需求。

需要注意的是，ChatGPT 生成的提纲只是起到辅助作用，我们需要根据实际需求对生成的内容进行进一步修改和调整，以保证 PPT 的质量和可读性。

此外，对于 PPT 的配图，我们也可以借助 ChatGPT 来完成。虽然 ChatGPT 本身不直接生成图片，但它可以生成文本描述，然后将这些描述转化为图像，从而帮助用户生成图片。这一过程通常需要使用图像生成工具（如 DALL-E 和 CLIP）来完成。这些工具将文本描述转化为图像，并且可以生成非常逼真的图像，从而为用户提供更多的创作灵感和设计可能性。

## 生成艺术：你也可以成为“艺术大师”

生成艺术是一项需要创造力和灵感的任务，而 AI 技术的出现为我们带来了全新的艺术表现方式。使用 ChatGPT 并结合一些 AI 绘画工具，我们可以快速地生成一幅高质量的艺术作品，甚至可以与它互动，为创作提供更多的灵感。

以下是使用 AI 绘画工具和 ChatGPT 生成一幅“海洋主题”艺术作品的具体步骤。

### 1. 关键词设定

打开 ChatGPT 网站，输入一个描述海洋的提示语，如“写一篇关于海洋奇观的文章”或“描述海洋底部的美丽”，提示语越具体，生成的文本越准确。

### 2. 描述文章生成

ChatGPT 将基于提示生成一个海洋描述文章，如下：

“大海是一个神奇的世界，充满了各种奇怪的生物和美丽的景色。海洋中的珊瑚礁，如同世外桃源一般，那里的色彩缤纷，令人瞩目，每一种颜色都散发出不同的光芒，有些甚至发出微弱的光芒。海中游弋着一些巨大的海洋生物，如蓝鲸，它们是地球上最大的动物，身长甚至可以达到 30 米。而海洋流则是海洋的血液，将海洋的热量和能量带到世界各地，形成了气候和天气。

这些令人惊叹的事物都构成了我们美丽的海洋世界。”

这样的描述文章可以给创作者提供启示，即如何使用 AI 绘画工具来表现其中提到的美丽景色和奇妙生物。

3. AI 绘画

打开 AI 绘画工具，如 OpenAI 的 DALL-E 2，将描述文章复制到输入框，如图 8.1 所示。

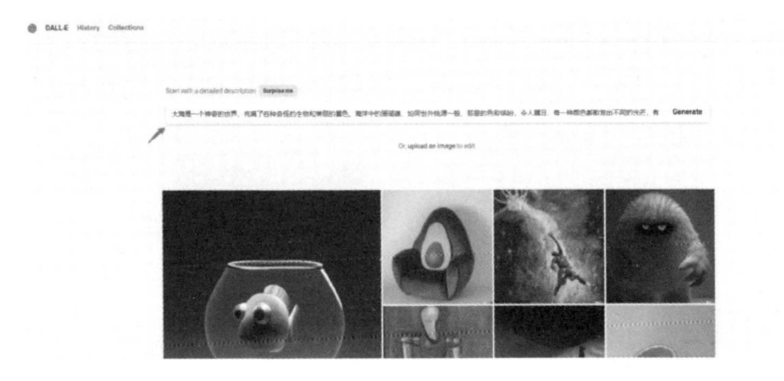


图 8.1　DALL-E 2 界面

单击“Generate”按钮，即可生成图片，如图 8.2 所示。

图 8.2　DALL-E 2 生成的“海洋主题”艺术作品

除了 DALL-E 2 外，还可以使用 Google 的 Deep Dream Generator 及 Stable diffusion 等其他 AI 绘画工具，有的工具还可以按创作者喜好调整设置。创作者可以按照需要尝试不同的参数，如颜色调板、画笔大小和笔画强度，以达到所需的效果。

### 4. 作品完善

如有必要，创作者可以对 AI 生成的绘画作品进行进一步完善。创作者可以使用数字绘画板或笔来添加更多细节，如阴影、亮点和纹理。同时，创作者还可以使用照片编辑软件，如 Adobe Photoshop，来进一步增强图像。

### 5. 作品导出

将完成的数字绘画保存为高分辨率图像文件，如 JPEG 或 PNG。

通过 ChatGPT 和 AI 绘画工具的强大功能，创作者可以释放创造力，创作出令人叹为观止的数字艺术作品。

## 音乐创作：当“音乐家”不是梦

音乐创作一直是许多人梦寐以求的事情，但是对于大多数人来说，缺乏音乐知识和技能往往成为制约。现在，借助 ChatGPT，你也可以成为一位音乐家，不需要具备专业的知识和技能，只需要一个创意的灵感即可。

## 如何使用 ChatGPT 生成新的音乐曲风

使用 ChatGPT 生成新的音乐曲风是非常有趣的。你可以尝试使用不同的音乐风格和曲调来创建新的音乐作品，让你的音乐更加独特、新颖。

具体步骤如下。

1）首先，确定你想要的音乐风格和曲调。你可以选择多种不同的风格和曲调进行实验，比如古典、摇滚、流行等。

2）通过 ChatGPT 输入一些关键词和提示，让算法了解你想要的音乐风格和曲调。这些关键词和提示可以是你想要的曲调、情感、风格等。

3）ChatGPT 会根据你的输入提示生成一些新的音乐创意。你可以选择其中的一部分来进行演奏和创作。

4）使用音乐制作软件将创意转化为音乐作品。也可以加入一些自己的元素和想法，让音乐更具个性和独特性。

想象一下你想要创作一首流行的歌曲，但是却没有任何灵感。这时候，使用 ChatGPT 就能帮助你快速地生成一些新的音乐创意。例如，你可以输入关键词如“爱情”“快乐”“自由”“夏天”等，以及一些其他提示词，如“流行曲”“电子音乐”“吉他伴奏”等，然后让 ChatGPT 根据这些信息自动生成一些新的音乐创意。

假设你的提示词是“流行曲”和“夏天”，ChatGPT 生成的音乐创意可能是一首以欢快的吉他伴奏为基础的歌曲，歌词中充满了对于夏天和阳光的赞美和向往，给人以快乐和轻松的感觉。

如果你想创作一首比较另类的音乐，那么可以输入一些比较特殊的关键词和提示词，如“异域风情”“嘻哈音乐”“低沉的声音”等。这样，ChatGPT 会生成一些比较独特的音乐创意，让你的音乐更加与众不同。

需要注意的是，ChatGPT 生成的音乐创意只是一个起点，大家仍然需要使用音乐制作软件来进一步编辑和加工。可以调整节奏、更改旋律、加入和声、选择合适的乐器等，让音乐更符合你的要求和审美。

## 如何使用 ChatGPT 自动生成优美的和弦进程

和弦进程是音乐创作中非常重要的一部分，它决定了音乐的节奏、韵律和情感。ChatGPT 可以帮助你自动生成优美的和弦进程，让你的音乐更加富有魅力和动感。

具体步骤如下。

1）首先，确定你想要的音乐节奏和风格。可以选择多种不同的风格进行实验，如慢板、中板、快板等。

2）通过 ChatGPT 输入一些关键词和提示，让算法了解你想要的音乐风格和和弦进程。这些关键词和提示可以是你想要的节奏、情感、风格等。

3）ChatGPT 会根据你的输入提示生成一些新的和弦进程创

意。可以选择其中的一部分来进行演奏和创作。

4）使用音乐制作软件将创意转化为音乐作品。

你可以在这个过程中加入一些自己的元素和想法，调整一些细节和音效，让音乐更加个性化。同时，也可以进行多次实验和尝试，不断探索和尝试新的和弦进程创意，创造出更加优美、动感和富有创意的音乐作品。

假如你想要创作一首快节奏的摇滚乐，但是不确定应该使用哪些和弦进程来表达这种音乐风格。可以使用 ChatGPT 来寻找一些灵感和创意，输入关键词和提示，如“快节奏摇滚乐”“高能量”“激情”等，ChatGPT 就会生成一些新的和弦进程创意。

例如，ChatGPT 可能会生成一些高强度的和弦进程，带有极具活力的节奏和韵律。你可以选择其中一部分作为自己的创作元素，然后将其转化为实际的音乐作品。这样，就可以使用 ChatGPT 轻松创作出自己风格独特、充满激情的音乐作品了。

## 如何使用 ChatGPT 快速生成富有创意的歌词

音乐中的歌词是表达情感、主题的关键元素之一，但对许多人来说，写出优秀的歌词往往是一件困难的事情。使用 ChatGPT 算法，你可以快速生成富有创意的歌词，而不需要拥有专业的音乐知识和技能。

下面是使用 ChatGPT 快速生成富有创意歌词的步骤。

1）确定你想要的歌曲主题和情感。选择一个主题，如爱情、友谊、自由、梦想等，确定你想要表达的情感。

2）输入关键词和提示。使用 ChatGPT 生成歌词的关键在于输入足够的提示，以便算法了解你的创作方向。可以输入主题、情感、节奏等关键词。例如，如果你想要创作一首表达自由的歌曲，可以输入关键词“风”“天空”“翱翔”等，让算法了解你的歌曲主题和情感。

3）ChatGPT 生成歌词创意。根据你的输入提示，ChatGPT 会生成一些新的歌词创意，这些创意可能包括整段歌词、特定的歌词词语和句子等。可以选择其中的一部分来进行演唱和创作。

4）加入自己的想法和元素。使用音乐制作软件将生成的歌词转化为音乐作品。可以加入一些自己的想法和元素，调整一些细节和音效，让歌曲更加个性化和富有创意。

假设你想要创作一首表达爱情的歌曲，但是不确定应该如何表达这种情感，可以通过使用 ChatGPT 来帮助你生成歌词。

首先，你可以输入一些关键词和提示，让 ChatGPT 了解你想要表达的情感和主题，如可以输入“爱情”“心跳”“浪漫”等词汇，这些词汇可以让 ChatGPT 更好地了解你想要表达的情感。

然后，ChatGPT 会根据你输入的提示生成一些新的歌词创意。它可能会生成一些关于心跳的词汇，如“我的心跳如此强烈，为你而跳动”，或者一些关于爱情的词汇，如“你是我的唯一，你是我永远的爱情”。你可以选择其中的一部分作为自己的创作元素，然后将其转化为实际的音乐作品。在这个过程中，可以加入一些自己的元素和想法，让歌曲更加个性化和富有创意。

总之，使用 ChatGPT 快速生成富有创意的歌词是非常简单和有趣的。不需要拥有专业的音乐知识和技能，只需要一个创意的灵感和一些输入提示即可。

歌词完成后，我们可以选择不同的音乐风格和曲调，让歌曲更加独特和动感。同时，还可以使用音乐制作软件将歌词与音乐结合起来，创作出一首充满创意的歌曲。

## 视频创作：借助 ChatGPT 和 AI 视频生成工具打造高质量短视频

随着短视频的流行，越来越多的人开始尝试自己制作短视频。但是，对于一些没有专业技能的人来说，制作高质量的短视频可能会很困难。不过，现在有了 ChatGPT 和 AI 视频生成工具，你就可以轻松地制作出高质量的短视频了。

使用 ChatGPT 和 AI 视频生成工具制作短视频的步骤如下。

首先，确定你想要制作短视频的主题和内容。可以选择多种不同的主题进行实验，如旅游、健身、美食等。

通过 ChatGPT 生成一些与你选择的主题相关的文本内容。可以输入一些关键词和提示，让 ChatGPT 生成一些与你选择主题有关的内容。

将 ChatGPT 生成的文本内容输入到 AI 视频生成工具中。这些工具会自动匹配最适合的视频素材和音效，制作出一个高质量的短视频。你可以根据自己的需要，选择合适的配图、背景音乐和字幕样式，让视频更加吸引人。

通过不断实验和尝试，调整短视频的制作方式，提高视频质量和吸引力。可以结合 ChatGPT 生成的文本内容和 AI 视频生成工具的制作能力，不断创新和尝试新的制作方式，制作出更加创新、吸引人的短视频作品。

例如，如果要制作一个介绍北京故宫的短视频，你可以使用 ChatGPT 生成一些与故宫相关的文本内容。比如：

“故宫是中国古代宫殿建筑之精华，建筑面积达 720000 平方米，是世界上最大的宫殿建筑群之一。”

“故宫共有 9900 多间房间，100 万多件珍贵文物和艺术品藏品，其中许多是国家级文物。”

“故宫建筑气势恢宏，宏伟壮观，体现了中国古代建筑文化的卓越成就。它是中国传统文化的杰出代表之一，也是世界文化遗产的重要组成部分之一。”

有了这些内容之后，将它们输入到 Lumen5 或其他视频生成工具中，自动匹配最合适的视频素材和音效并生成视频。同时，你也可以为视频手动选择适当的视频素材、背景音乐和字幕，最终制作出一个生动形象、精彩纷呈的旅游景点介绍视频。

## 儿童教育：再也不用担心孩子的学习

随着科技的不断进步，越来越多的家长开始使用 AI 技术帮助孩子学习和创作。ChatGPT 作为一款强大的自然语言处理工具，可以帮助孩子在各个方面进行学习和创作。下面将介绍如何使用 ChatGPT 帮助孩子创作故事、了解科学知识和进行艺术创作。

### 如何使用 ChatGPT 帮助孩子创作故事

孩子的想象力非常丰富，但是有时候他们也可能会遇到创作的瓶颈。这时，使用 ChatGPT 可以帮助孩子打破限制，激发创作灵感。

首先，让孩子确定一个主题，如“恐龙”“外星人”等。然后，让他们输入一些关键词和提示，如“恐龙的颜色”“外星人的特征”等，让 ChatGPT 帮助他们生成一些新的想法和创意。孩子可以选择其中的一些内容，再加以发挥，以创作出自己的故事。

此外，家长也可以利用 ChatGPT 帮助孩子改善写作技巧。将孩子写的故事输入 ChatGPT，让工具分析语法错误，帮助孩子修正并改进写作能力。这样，孩子在创作过程中可以更好地理解语言的规则和语法，提高语文能力。

举个例子，比如孩子喜欢写关于宠物狗的故事，但是有时候可能会遇到不知如何描述的困扰。这时，可以使用 ChatGPT 来激发他们的创意。让孩子输入一些关键词，如“狗的品种”“狗的特征”等，让 ChatGPT 生成一些关于狗的信息和新的想法。例如，孩子输入“小型狗品种”，ChatGPT 可能会生成一些类似于“贵宾犬”“吉娃娃”“比熊犬”等的品种信息，帮助孩子更好地了解和描绘不同种类的狗。孩子可以选择其中的一些内容，再加以发挥，创作出自己的宠物狗故事。

## 如何使用 ChatGPT 帮助孩子了解科学知识

孩子对于科学的好奇心通常是无限的，但是很多时候他们可能需要更加深入的解释和解答。在这个时候，使用 ChatGPT 可以帮助孩子了解科学知识，并解答他们的疑问。

比如，孩子可能对于地球上的生物多样性感到好奇，那么父母可以使用 ChatGPT 生成一些与生物多样性相关的问题和答案，帮助孩子更好地了解这个话题。

同时，ChatGPT 还可以帮助孩子生成一些实验、观察和探究的方案，辅助孩子更加深入地了解科学的本质和方法。

下面举一些例子。

（1）帮助孩子探究太阳能的原理

家长可以使用 ChatGPT 生成一些关于太阳能的知识和原理，让孩子了解太阳能的利用方式及如何将太阳能转化为电能。然后，让孩子自己设计一个简单的太阳能发电装置，如太阳能车，让孩子自己动手实践并探究。

（2）帮助孩子了解大气污染的影响

父母可以使用 ChatGPT 生成一些关于大气污染的知识，如大气污染的来源、危害及预防方法。然后，让孩子自己设计一个简单的实验，如用醋和苏打水模拟大气污染，让孩子亲自体验和观察大气污染对环境的影响。

（3）帮助孩子了解植物的生长过程

使用 ChatGPT 生成一些有关植物的知识，如植物的吸收方式、光合作用的原理等。然后，让孩子自己种植一些简单的植物，如豌豆或小麦，让他们自己动手实践并观察植物生长的过程。

这些例子都是结合了科学知识和实践操作，让孩子在实践中更加深入地了解科学的本质和方法。通过 ChatGPT 的帮助，孩子可以在学习过程中获得更多的知识和灵感，开阔视野，培养好奇心和创造力。

## 如何使用 ChatGPT 帮助孩子进行艺术创作

孩子的艺术创作能力也是自身成长非常重要的一部分，可以帮助他们发掘自己的潜力和才能。使用 ChatGPT 可以帮助孩子从不同的角度来思考和表达自己的创意。

举个例子，假设一个孩子想要画一幅画，但是不知道从哪里开始，也不知道应该画些什么。那么家长可以帮助孩子输入一些关键词和提示，如“海洋”“海豚”“橙色”“绿色”等，让 ChatGPT 生成一些构思和灵感。孩子可以选择其中的一些内容，加以发挥，创作出自己的艺术作品。这样，孩子可以在不断的实践和创作中提高自己的艺术水平。

另外，如果孩子对音乐感兴趣，那么家长也可以让孩子尝试使用 ChatGPT 进行音乐创作。孩子可以输入一些音乐元素，如“悠扬的旋律”“强烈的节奏”等，让 ChatGPT 帮助他们生成一些创意。孩子可以选择其中的一些元素，再根据自己的想法进行创作。通过不断地实践和创新，孩子可以发掘自己的音乐才华。

最后，家长可以让孩子使用 ChatGPT 对自己的艺术作品进行编辑和改进。孩子可以将自己的作品输入 ChatGPT，让工具分析其构图、色彩和形式等方面，并给出一些优化建议。然后根据这些建议进行改进和提高，从而创作出更加优秀的艺术作品。

## 英语学习：用 ChatGPT 做你的私家“英语外教”

用 ChatGPT 来辅助英语学习，也是一个不错的选择。使用

ChatGPT 不仅可以帮助我们学习英语写作，而且也可以锻炼英语口语。

## 如何使用 ChatGPT 进行写作练习

英语写作是很多学习者的难点，使用 ChatGPT 可以帮助你进行写作练习。将自己的英文写作作品输入 ChatGPT，工具会分析语法错误并提出改进建议，帮助你提高英语写作能力。此外，ChatGPT 还可以生成一些优秀的英文写作范文，帮助你了解英语写作的结构和规则，提高写作技巧。

假设你想练习英文写作，但是并不知道从何入手，这时你可以使用 ChatGPT 来获得帮助。

首先，你可以输入一些关键词和提示，如“描述一个人”“写一篇关于健康饮食的文章”等，让 ChatGPT 生成一些创意和灵感。然后，你可以根据这些内容和自己的思路开始写作。当写完后，将作品输入 ChatGPT，让工具分析语法错误并提出改进建议。这样，你就可以更好地理解英语的语法规则，并提高自己的写作能力了。

举个例子，有如下的英文原文。

Hello! My name is John and I'm from China. I'm currently studying in the United States and I'm enjoying my time here. The culture is very different from what I'm used to, but I'm learning a lot and meeting a lot of interesting people.

ChatGPT 修改建议如下。

建议使用大写字母“China”和“United States”；使用连词“but”来表示前后两个句子的关系；可以用形容词“diverse”来形容文化差异；建议使用形容词“fascinating”来描述你遇到的人。

修改后的文章如下。

Hello! My name is John and I'm from China. I'm currently studying in the United States and I'm enjoying my time here. The culture is very different from what I'm used to, but it's fascinating to experience such a diverse culture. I'm learning a lot and meeting a lot of interesting people.

此外，ChatGPT 还可以生成一些优秀的英文写作范文，帮助你了解英语写作的结构和规则。例如，你可以输入“一篇好的英文求职信范文”，ChatGPT 会为你生成一些优秀的求职信范文。你可以借鉴这些范文中的句式、语法和表达方式，来提高自己的英文写作能力。

举个例子，你想写一篇关于环境保护的英语文章。可以输入一些关键词和提示，如“全球变暖”“海洋污染”“塑料垃圾”等，让 ChatGPT 生成一些创意和灵感。然后，可以根据这些内容和自己的思路开始写作。当写完后，将作品输入 ChatGPT，让工具分析语法错误并提出改进建议。最后，你可以根据工具的建议进行修改和完善，使文章更加流畅、易懂。

总之，使用 ChatGPT 可以帮助你快速提高英语写作能力，这是一种非常便捷的方法。无论是写作练习还是写作范文的学习，

ChatGPT 都是一个非常有用的工具。

## 如何使用 ChatGPT 进行口语练习

英语口语是学习者最为关注的部分，使用 ChatGPT 可以帮助你进行口语练习。可以输入一些常用的口语表达或问题，让 ChatGPT 帮助你生成一些回答或者相关的情景，这样你可以模拟不同场景的口语练习，并提高自己的口语表达能力。

具体地说，你可以输入一些口语表达，如“Hi，how are you?”“What do you like to do in your free time?”等，让 ChatGPT 帮助你生成一些回答或者相关的情景。

你可以输入“Tell me about your last vacation”“How do you like to spend your weekends?”等，ChatGPT 会根据这些输入生成一些情景和问题，帮助你进行口语练习。你还可以输入“Can you tell me about your favorite food?”，ChatGPT 会帮助你生成一些关于美食的话题和问题，你可以模拟不同情景下的口语表达，如介绍自己最爱的食物，或者描述一道美味的餐厅菜肴等。

此外，ChatGPT 还可以提供一些常用口语表达的例句，帮助你学习英语口语的语言规律。

但是，需要注意的是，目前 ChatGPT 并不支持实时的语音评估。如果你想提高口语流利度和发音准确度，建议你结合在线英语口语学习平台或者语音识别软件进行训练和评估。这样可以更好地纠正发音错误，提高口语水平。

# 第 9 章

# 调用 OpenAI API：利用 ChatGPT 背后的“大脑”

随着人工智能技术的快速发展，利用 AI 技术实现业务自动化已经成为各个行业的趋势。而自然语言处理技术作为人工智能领域的重要分支之一，其应用也逐渐被广泛关注。

ChatGPT 作为一种 NLP 技术的代表，不仅在语言生成方面表现出了强大的能力，也为人们提供了一种非常方便的方式来利用它背后的“大脑”，那就是 OpenAPI。本章将会详细介绍 OpenAI API 的使用流程，让你能够将 ChatGPT 的强大能力应用到自己的业务当中。

## 下载安装：做好 AI 启动的准备

在使用 OpenAI API 之前，需要先进行一些准备工作，包括安装必要的工具和库，以及下载预训练模型。

## 安装必备工具和库

在使用 ChatGPT 之前，需要确保安装了必要的工具和库。例如，Python 和 PyTorch 是使用 ChatGPT 所需的基本工具和库。此外，还需要安装其他库，如 numpy、pandas、scikit-learn 等，以支持数据处理和模型评估等任务。除了这些必要的库，还可以根据需要安装其他库来扩展功能。

安装这些工具和库其实非常简单，一般只需要在终端或命令行中输入相应的命令即可完成下载和安装。以安装 Python 和 PyTorch 为例，我们可以使用 Anaconda 来创建一个 Python 虚拟环境，以避免与已有的 Python 环境发生冲突。具体步骤如下。

1）下载并安装 Anaconda，官网下载地址为 https://www.anaconda.com/products/distribution。

2）打开 Anaconda Prompt，输入以下命令创建一个名为“gpt”（可以自定义）的 Python 虚拟环境。

```
conda create -n gpt python=3.8
```

3）激活虚拟环境，输入以下命令。

```
conda activate gpt
```

4）安装 PyTorch，输入以下命令。

```
conda install pytorch torchvision torchaudio cpuonly -c pytorch
```

5）安装其他常用库，如 numpy、pandas、scikit-learn 等，可以使用以下命令。

```
conda install numpy pandas scikit-learn
```

以上步骤仅是一个简单的示例，实际安装过程可能因系统、环境等因素而略有差异。如果遇到问题，可以参考官方文档或搜索相关问题的解决方法。除了使用 Anaconda，也可以使用 pip 等工具进行安装。在安装过程中，我们可以像“玩乐高积木”一样，根据需求将需要的工具和库组合起来，以构建自己的 AI 工具箱。

例如，当我们需要进行自然语言处理时，就需要使用 NLTK（自然语言工具包）、SpaCy（高级自然语言处理库）等库；当我们需要进行图像处理时，就需要使用 OpenCV（计算机视觉库）、Pillow（Python Imaging Library）等库。在安装这些库时，也可以选择特定版本，以满足不同的需求。总之，安装必备工具和库是使用 AI 工具的必要步骤，熟练掌握这些工具和库的使用方法，对于提高工作效率和研究成果至关重要。

## 下载预训练模型

使用 OpenAI API 需要先下载预训练模型，目前提供了 3 个不同的模型：

- 小模型（124MB）。
- 中模型（345MB）。

- 大模型（774MB）。

不同大小的模型在生成文本的质量和速度方面有所区别。大家可以根据实际需求选择相应的模型进行下载和使用。

在下载预训练模型之前，需要确定所需的模型类型和大小。不同大小的模型具有不同的性能和精度，同时也会影响模型的存储和计算要求。因此，需要根据实际需求来选择合适的预训练模型。

例如，当需要进行文本生成时，可以选择较大的模型来提高生成的质量和多样性。而在进行文本分类和翻译时，可以选择较小的模型来提高计算效率和减少存储空间的占用。

值得注意的是，预训练模型的下载可能需要较长的时间和较大的存储空间，因此需要提前做好准备。

下面以进行聊天机器人的开放为例进行说明。

根据聊天机器人的开放特性，选择中等大小的模型来平衡生成的质量和速度。接下来，开始下载中等大小的 ChatGPT-2 模型。

首先，需要到 Hugging Face 网站上下载预训练模型文件。Hugging Face 是一个提供自然语言处理（NLP）模型和工具的网站，它拥有一个模型库，用户可以从中选择预训练的模型来进行文本分类、文本生成、问答和翻译等任务。此外，Hugging Face 还提供了一些工具，如 transformers 库和 datasets 库，可以帮助用户更轻松地使用和调整 NLP 模型。

在 Hugging Face 网站下载页面上，我们可以选择相应的模型大小和语言版本，然后单击下载按钮进行下载。下载完成后，需要将模型文件放到相应的目录中，以便在代码中使用。

例如，在 Python 代码中加载 ChatGPT-2 模型可以使用以下代码：

```
from transformers import GPT2LMHeadModel, GPT2Tokenizer

# 定义模型和 tokenizer
model_path = "path/to/gpt2-medium"
tokenizer = GPT2Tokenizer.from_pretrained(model_path)
model = GPT2LMHeadModel.from_pretrained(model_path)

# 使用 tokenizer 编码输入文本
input_text = "你好,我是 ChatGPT!"
input_ids = tokenizer.encode(input_text, return_tensors='pt')

# 使用模型生成文本
output_ids = model.generate(input_ids=input_ids, max_length=50)
output_text = tokenizer.decode(output_ids[0], skip_special_
tokens=True)

print(output_text)
```

在上面的代码中，首先定义了模型和 tokenizer，并将模型文件的路径传递给它们。然后，使用 tokenizer 将输入文本编码为模型输入所需的 ID 序列，并使用模型生成输出文本。最后，使用 tokenizer 将生成的 ID 序列解码为文本并打印出来。

总的来说，下载预训练模型需要进行多个步骤，包括选择合适的模型大小和版本、下载模型文件并将其放置在正确的目录中。但是，通过使用现成的库和工具，我们可以轻松地完成这些步骤并开始使用 ChatGPT 进行文本生成和翻译。

## 数据预处理：给 AI“喂食”

在使用 AI 模型之前，需要将数据预处理成适合模型输入的形式，以提高模型的效果和性能。数据预处理通常包括数据清洗和标准化、数据转换和编码等过程。

### 数据清洗和标准化

数据清洗和标准化的目的是让 AI 看得更清楚，它是数据预处理中的重要环节。在进行文本生成和翻译时，可能会存在大量的无效和重复数据，这些数据会干扰模型的训练和预测。因此，需要对数据进行清洗和去重，以减少噪声、提高模型的精度。

另外，数据的标准化也是一项重要的预处理步骤。在进行文本分类和翻译时，需要将数据转化为向量形式，以方便模型的处理和计算。在将数据转化为向量时，需要进行标准化操作，以避免不同特征之间的比例差异对模型造成的影响。

具体的数据清洗和标准化操作步骤会因不同的应用场景和数据类型而有所不同。以下是一些常见的操作步骤。

1）数据去重：可以使用 Python 中的 pandas 库进行去重操

作，去除重复的数据行。

2）停用词去除：可以使用自然语言处理工具包（如 NLTK 或 spaCy）中提供的停用词列表或自定义停用词列表，去除一些常见但无用的词汇。

3）词干提取：可以使用自然语言处理工具包中提供的词干提取函数，将词汇转化为其基本形式，以减少数据噪声、提高模型的泛化能力。

4）分词：可以使用中文分词工具，如 jieba 分词，对中文文本进行分词，以便后续处理和翻译。

5）标准化和归一化：可以使用 sklearn 库提供的相关函数对数据进行标准化和归一化处理，以避免不同特征之间的比例差异对模型造成的影响。

举例说明，在进行文本生成时，可以使用 NLTK 库中提供的停用词列表去除一些无用的停用词，如"的""了""是"等；在进行文本分类时，可以使用 spaCy 库中提供的词干提取函数，将词汇转化为其基本形式；在进行文本翻译时，可以使用 jieba 分词对中文文本进行分词，并使用 sklearn 库中的标准化函数对数据进行标准化处理。

再举一个例子，对于一篇英文新闻文本，可以先使用 NLTK 库去除停用词和标点符号，再使用 spaCy 库进行词干提取和词性标注，以将文本转化为数值形式；对于一段中文文本，可以使用 jieba 分词进行分词，并使用 sklearn 库中的标准化函数对数据进行标准化处理，以便后续进行翻译和文本分类。

## 数据转换和编码

数据转换和编码的目的让 AI 听得更清楚，它是将数据转化为 AI 模型可以理解的形式的重要步骤。在进行文本分类和翻译时，需要将数据转化为向量形式，以方便模型的处理和计算。

例如，在进行文本分类时，可以使用词袋模型或 TF-IDF 模型将文本转化为向量形式；在进行文本翻译时，可以使用 one-hot 编码将文本转化为可处理的数值形式。

除了这些基本的数据转换和编码方式，还可以根据需要使用其他更复杂的方法，如循环神经网络、卷积神经网络等，以提高模型的性能和效果。

具体操作步骤可以参考以下例子。

在进行文本分类时，可以使用词袋模型和 TF-IDF 模型将文本转化为向量形式。例如，假设有一篇文本：“这是一篇关于机器学习的文章”，可以将其转化为以下向量形式：

- 词袋模型：[1, 1, 1, 1, 1, 0, 0]。
- TF-IDF 模型：[0.44, 0.44, 0.44, 0.44, 0.44, 0, 0]。

其中，词袋模型将文本中出现的词汇转化为一个固定长度的向量，向量的每个元素表示一个词汇在文本中出现的次数。而 TF-IDF 模型则将每个词汇在文本中的重要性考虑在内，将其转化为一个权重向量。

在进行文本翻译时，可以使用 one-hot 编码将文本转化为可处理的数值形式。例如，假设需要将英文文本翻译为法文，可以使用以下步骤。

1）将英文文本进行分词和词性标注处理。

2）根据分词和词性标注结果，将每个单词转化为一个 one-hot 向量。

3）使用神经网络模型将英文文本的 one-hot 向量作为输入，输出对应的法文 one-hot 向量。

4）将法文 one-hot 向量转化为对应的法文文本。

在这个过程中，神经网络模型会根据输入的英文 one-hot 向量进行训练，学习到英文和法文之间的对应关系，从而实现文本翻译的功能。

通过这些例子，可以更加深入地理解数据预处理中数据清洗和标准化、数据转换和编码等环节的具体操作步骤。

## 模型训练：“调教”你的 AI

在完成数据预处理和设置训练参数之后，就可以开始训练模型了。模型训练是一个迭代的过程，通常需要多轮训练来达到最佳的效果。在每轮训练中，需要对数据进行输入、反向传播、优化器更新等操作，以逐步提高模型的准确性和泛化能力。

## 设置训练参数

在进行模型训练之前，需要确定一些关键的训练参数，以便调整模型的训练过程。这些参数包括学习率、批次大小、迭代次数等。

学习率是用于控制模型参数更新速度的重要参数。通常情况下，学习率设置为一个较小的值，可以有效避免过度拟合和训练时间过长的问题。在进行文本生成时，可以将学习率设置为 0.0001，以确保生成的文本质量和多样性。在进行文本分类和翻译时，可以将学习率设置为 0.001~0.01，以提高模型的训练效率。

批次大小是指每次训练时所使用的样本数量。通常情况下，批次大小设置为一个较大的值可以有效提高训练效率和速度。在进行文本生成时，可以将批次大小设置为 16~32，以确保生成的文本质量和多样性。在进行文本分类和翻译时，可以将批次大小设置为 64~128，以提高模型的训练效率。

迭代次数是指模型训练的轮数。通常情况下，迭代次数越多，模型的训练效果越好。但是，在实际训练中，迭代次数过多会导致过度拟合和训练时间过长的问题。因此，在设置迭代次数时，需要根据实际情况来调整，以达到最佳的训练效果。

例如，在进行文本生成时，可以将迭代次数设置为 1000~2000 轮，以确保生成的文本质量和多样性。在进行文本分类和翻译时，可以将迭代次数设置为 5～10 轮，以提高模型的训练效率和准确性。

以下是一些常见的设置训练参数的步骤。

（1）选择优化算法

选择合适的优化算法可以加速模型的训练并提高准确性。常用的优化算法包括梯度下降法、Adam 优化算法等。

（2）设置学习率

学习率控制了模型参数的更新速度，过高或过低的学习率都会影响模型的训练效果。一般情况下，可以使用学习率衰减策略来动态调整学习率。

（3）设置批次大小

批次大小决定了每次训练的数据量，一般情况下，较大的批次大小可以加速模型的训练，但也会增加内存消耗。

（4）设置迭代次数

迭代次数决定了模型训练的轮数，一般情况下，迭代次数越多，模型的训练效果会越好，但同时也会增加训练时间。

（5）正则化

正则化可以避免过度拟合，一般可以通过 L1 或 L2 正则化来实现。

（6）选择损失函数

选择合适的损失函数可以最小化模型的误差，常用的损失函数包括交叉熵损失函数、均方误差损失函数等。

例如，在进行文本生成时，可以使用较小的学习率和较小的批次大小来避免模型过度拟合和训练时间过长。在进行文本分类时，可以使用较大的批次大小和较高的学习率以提高模型的训练效率。在设置迭代次数时，需要根据实际情况来调整，以达到最佳的训练效果。

总之，设置训练参数是模型训练中的关键步骤之一，需要根据具体需求和实际情况来调整。

## 训练模型

在设置好训练参数之后，便可以开始进行模型训练了。训练模型通常需要大量的计算资源和时间，因此需要选择合适的计算环境和设备来进行训练。

在每轮训练中，需要将数据输入模型，并计算模型的损失值。损失值是模型在训练过程中产生的误差，通过反向传播算法来更新模型的参数，从而逐步提高模型的准确性和泛化能力。

同时，在训练过程中还需要使用一些优化器来调整模型的学习率和优化策略，以提高模型的训练效果。

在训练结束后，可以通过保存模型参数的方式将训练得到的模型保存下来，以便进行后续的预测和应用。

下面是一个简单的文本分类模型训练的操作步骤。

（1）准备数据集

首先需要准备好训练集、验证集和测试集。在文本分类中，可以将文本转换成数值向量作为模型的输入。常用的文本表示方法有 one-hot 编码、TF-IDF、词向量等。

（2）构建模型

根据任务需求和数据集特点，选择合适的模型架构和算法搭建模型。例如，在文本分类中，可以使用卷积神经网络（CNN）、循环神经网络（RNN）等模型进行分类。

（3）设置训练参数

根据模型特点和数据集大小，设置合适的训练参数，包括学习率、批次大小、迭代次数等。例如，在文本分类中，可以将学习率设置为 0.001，批次大小设置为 64，迭代次数设置为 10。

（4）训练模型

使用训练集和验证集来训练模型。在每轮训练中，输入数据到模型，计算损失值，通过反向传播算法来更新模型参数。同时，使用优化器来调整模型的学习率和优化策略。例如，在文本分类中，可以使用 Adam 优化器。

（5）评估模型

在每轮训练结束后，使用测试集来评估模型的性能。可以计算准确率、精确率、召回率等指标来评估模型的性能。

（6）保存模型

在训练完成后，可以将训练得到的模型保存下来，以便进行后续的预测和应用。可以保存模型参数、模型架构和优化器状态等信息。

例如，在进行情感分析任务时，可以使用训练集和验证集来训练模型，将文本转换成词向量作为模型的输入。可以使用卷积神经网络模型来进行情感分类。设置学习率为 0.001，批次大小为 64，迭代次数为 10。使用 Adam 优化器来调整模型的学习率和优化策略。

在每轮训练结束后，使用测试集来评估模型的性能。最后，可以将训练得到的模型保存下来，以便进行后续的预测和应用。

## 模型测试和评估：考考你的 AI

模型测试和评估是训练模型后不可或缺的步骤。测试和评估过程可以帮助我们了解模型的性能和准确性，并确定是否需要进行进一步的优化和改进。本节将介绍两种常见的模型测试和评估方法：评估 AI 的语言生成能力和评价 AI 的翻译质量。

### 评估 AI 的语言生成能力

语言生成是 AI 的一个重要应用领域，包括文本生成、对话生成、摘要生成等。在进行语言生成任务时，需要对模型的生成结果进行评估，以确定模型的准确性和多样性。

常见的语言生成评估指标如下。

- BLEU（Bilingual Evaluation Understudy）是最常用的机器翻译自动评价指标之一，其主要思想是通过比较机器翻译系统的输出译文与参考译文之间的 n-gram 匹配度来评估机器翻译的质量。BLEU 的取值范围在 0~1 之间，值越接近 1 表示机器翻译的质量越高。

- ROUGE（Recall-Oriented Understudy for Gisting Evaluation）是一种基于召回率的机器翻译自动评价指标，其主要思想是通过比较机器翻译系统的输出译文与参考译文之间的重叠度来评估机器翻译的质量。ROUGE 包括多个子指标，如 ROUGE-1、ROUGE-2、ROUGE-L 等，其中 ROUGE-L 是最常用的指标之一。
- METEOR（Metric for Evaluation of Translation with Explicit ORdering）是一种综合型的机器翻译自动评价指标，其主要思想是通过计算机器翻译系统的输出译文与参考译文之间的语义相似度来评估机器翻译的质量。与 BLEU 和 ROUGE 相比，METEOR 更加注重语义的匹配程度，因此其评价结果更加准确。

在这些指标当中，BLEU 最为常用。

为了进行语言生成的评估，可以将模型的生成结果与参考文本进行比较，计算各项评估指标的得分。如果评估结果不理想，可以通过调整模型的参数和优化策略来改善模型的生成效果。

在评估 AI 的语言生成能力时，我们需要使用具体的操作步骤和方法来确定模型的准确性和多样性。首先，需要选择合适的评估指标，常见的指标包括 BLEU、ROUGE、METEOR 等。这些指标可以用于评估生成文本和参考文本之间的相似度和匹配程度，以及生成文本的流畅性和自然性。

例如，如果使用 BLEU 指标来评估模型的生成效果，可以将模型生成的文本与参考文本进行比较，计算 BLEU 得分。在计算 BLEU 得分时，需要确定 n-gram 的大小和权重系数，以便评估不同长度的文本和单词的匹配程度。同时，还可以对生成的文本进行人工评估，以确定文本的流畅性和自然性。

为了改善模型的生成效果，可以通过调整模型的参数和优化策略来优化模型的训练和生成过程。例如，在进行文本生成时，可以增加训练数据的数量和多样性，或者调整生成的温度和采样策略，以提高生成文本的准确性和多样性。

在实际应用中，语言生成评估可以被用于各种场景，如智能客服、文本摘要和广告文案生成等。在智能客服中，可以使用语言生成模型来回答用户的问题和解决问题，通过评估模型的生成效果，可以提高智能客服的服务质量和用户满意度。

总之，评估 AI 的语言生成能力是模型开发和应用的重要一环，需要选择合适的评估指标和方法来确定模型的准确性和多样性，以提高模型的应用价值和性能。

### 评价 AI 的翻译质量

机器翻译是 AI 应用领域的一个热门话题。在进行机器翻译任务时，需要对模型的翻译质量进行评估，以确定翻译结果的准确性和流畅性。

常见的机器翻译评估指标包括 BLEU、ROUGE、TER 等。其中，BLEU 是最常用的评估指标之一，它用于评估翻译结果和参考翻译之间的相似度和匹配程度。BLEU 的取值范围在 0 ~ 1 之间，值越接近 1 表示翻译结果和参考翻译越相似。

为了进行机器翻译的评估，可以将模型的翻译结果与参考翻译进行比较，计算各项评估指标的得分。如果评估结果不理想，可以通过调整模型的参数和优化策略来改善模型的翻译效果。

具体操作步骤如下。

（1）选择评估指标

在进行机器翻译评估时，首先需要选择评估指标。常见的评估指标包括 BLEU、ROUGE、TER 等，根据具体需求和研究目的进行选择。

（2）准备参考翻译

为了进行评估，需要准备一些参考翻译，用于与模型生成的翻译结果进行比较。参考翻译应该与模型翻译的语言和主题相符合，越多越好。

（3）计算 BLEU 得分

使用评估指标计算模型生成的翻译结果和参考翻译之间的相似度和匹配程度，得到相应的 BLEU 得分。一般情况下，BLEU 得分越高，说明模型的翻译质量越好。

（4）分析评估结果

根据评估结果进行分析，了解模型的翻译质量和存在的问题。如果评估结果不理想，可以考虑调整模型参数和优化策略来改善模型翻译效果。

例如，在进行机器翻译任务时，可以通过计算 BLEU 指标来评估模型翻译质量。假设有一篇英文新闻需要翻译成中文，可以使用机器翻译模型进行翻译，并将翻译结果与人工翻译的参考翻译进行比较，计算 BLEU 得分。如果 BLEU 得分较低，说明翻译质量不理想，可以考虑通过调整模型参数和优化策略来改善翻译效果。

## 模型应用：让 AI 魔法为我所用

在完成了模型的训练和评估之后，可以将训练得到的模型应用于各种实际场景中，如文本生成、机器翻译、对话系统等。而利用 OpenAPI，可以轻松地将训练好的模型集成到自己的应用中，实现自动化的语言生成和翻译。

### OpenAI 上的热门应用

OpenAI 的 GPT 模型在文本生成、机器翻译等领域拥有广泛的应用，而利用 OpenAPI 可以更方便地进行集成和部署。

目前，OpenAI 上的热门应用包括：

#### 1. 自然语言生成

包括新闻、文章、小说等文本生成应用，通过输入关键词和主题，生成符合需求的文本内容。以下列举 3 种在该领域较为知名的应用。

（1） AI Writer

AI Writer 是一款基于 OpenAI GPT-3 的自然语言生成工具，可以帮助用户快速生成高质量的文章和文本。

（2） Hugging Face

Hugging Face 是一款基于 GPT-2 和 GPT-3 的自然语言处理工具，提供了多种语言生成和文本分类等功能。

（3） Copy. ai

Copy. ai 是一款基于 GPT-3 的营销文案生成工具，可以快速生成符合需求的广告文案和产品描述。

2. 机器翻译

包括各种语言之间的翻译，如中英文、日英文等，可以应用于在线翻译、语音翻译等场景。

以下列举 3 种在该领域较为知名的应用。

（1） DeepL

一款基于深度学习的机器翻译工具，支持多种语言之间的翻译，准确率较高。

（2） Matecat

一款基于机器翻译和人工校对的在线翻译平台，支持多种文件格式和语言。

（3） SYSTRAN. io

一款基于 OpenAPI 的机器翻译工具，支持 50 多种语言之间的翻译，可以应用于语音翻译等场景。

### 3. 对话系统

包括智能客服、聊天机器人等应用，通过模拟人类的对话方式，实现智能问答并解决问题。以下列举 3 种在该领域较为知名的应用：

（1）Cleverbot

一款基于机器学习和自然语言处理技术的聊天机器人，可以和用户进行智能对话并解决问题。

（2）IBM Watson Assistant

一款基于人工智能的智能客服工具，可以应用于各种行业和场景。

（3）Rasa

一款开源的对话系统框架，提供了多种自然语言处理和对话管理的功能。

除了以上应用外，还可以根据具体需求开发和集成其他类型的语言生成和翻译应用。例如，可以基于 GPT 模型实现情感分析、摘要生成等应用，也可以应用于智能语音交互、知识图谱等领域。

总之，OpenAI API 上的应用非常广泛，可以根据不同的需求和场景进行定制化开发和集成。

## 企业如何接入 OpenAI

对于企业来说，接入 OpenAI API 可以提高业务的智能化和自动化水平，增强核心竞争力。

接下来，我们将介绍企业接入 OpenAI API 的具体操作步骤。

首先，企业需要注册 OpenAI 账号并获取 API 密钥。注册 OpenAI 账号的过程相对简单，只需要填写基本信息并进行账号验证即可。获取 API 密钥的方式可以通过 OpenAI 官网提供的开发者中心进行申请。API 密钥是接入 OpenAI API 的关键，企业需要妥善保管并避免泄露。

其次，企业需要根据需要选择合适的 API 服务类型和套餐，并进行支付。OpenAI 提供了多种类型的 API 服务，包括文本生成、翻译、对话等，企业可以根据具体需求进行选择。此外，OpenAI API 还提供了多种套餐选择，企业可以根据自身业务规模和需求进行选择和购买。

在选择完 API 服务类型和套餐后，企业需要遵循 OpenAI 提供的接口文档和示例代码，进行开发和测试。开发人员需要根据 API 接口进行代码编写和测试，确保 API 的调用和数据传输的正确性和稳定性。如果出现问题，可以参考 OpenAI 提供的帮助文档和社区支持进行解决。

最后，企业需要部署和上线应用，并利用 OpenAI 提供的监控和日志服务进行运维和优化。监控和日志服务可以帮助企业及时发现和解决问题，提高应用的可靠性和稳定性。在运维和优化过程中，企业可以参考 OpenAI 提供的最佳实践和经验，进行不断的改进和优化。

接入 OpenAI API 对于企业来说是一个不错的选择，但需要注意遵循相关法律法规和用户隐私政策，保护用户的合法权益和个人隐私。同时，企业需要根据具体需求进行选择和购买合适的 API 服务类型和套餐，并遵循 OpenAI 提供的开发规范和最佳实践，确保接入的顺利进行和稳定运行。

那么，企业在自己的产品或服务中接入 ChatGPT 后可以带来哪些方面的好处呢?

首先，可以提高产品或服务的智能化和自动化水平，增强用户体验和满意度。比如，在智能客服系统中接入 ChatGPT，可以通过模拟人类的对话方式，实现智能问答并解决问题，提高客户服务的质量和效率。

其次，接入 ChatGPT 可以为企业带来更多的商业机会和增值服务。举几个例子说明:

### 1. 金融领域

一家银行可以将 ChatGPT 集成到自己的移动应用中，利用 ChatGPT 实现智能投资和财富管理，帮助用户制订投资计划和优化资产配置。通过分析用户的投资偏好和风险承受能力，ChatGPT 可以为用户推荐最优的投资组合和产品，并根据市场变化进行动态调整。这样可以提高用户的投资回报率和满意度，同时也能提高银行的客户黏性和收益。

### 2. 电商领域

一家电商公司可以将 ChatGPT 集成到自己的网站和 App 中，利用 ChatGPT 实现智能推荐和个性化服务，帮助用户更快地找到自己感兴趣的商品和服务。通过分析用户的历史购买记录、浏览行为和兴趣偏好，ChatGPT 可以为用户推荐最符合其需求的商品和服务，并实现智能定价和促销策略。这样可以提高用户的购物体验和忠诚度，同时也能提高电商公司的销售额和市场占有率。

3. 新闻媒体领域

新闻媒体可以将 ChatGPT 集成到自己的新闻生成和编辑系统中，利用 ChatGPT 实现自动化的新闻生成和编辑，提高新闻产出效率和质量。通过分析大量的文本数据和事件信息，ChatGPT 可以快速生成符合新闻标准和读者兴趣的新闻稿件，并实现智能排版和编辑。这样可以提高新闻媒体的新闻产出效率和质量，同时也能提高读者的阅读体验和忠诚度。

总之，接入 ChatGPT 可以提高企业的技术实力和创新能力。通过与 ChatGPT 的结合，可以挖掘更多的业务场景和应用需求，推动企业的数字化转型和创新发展。

## 如何基于 OpenAI 创业

1. 创业方向

基于 OpenAI API 的创业方向有很多，包括自然语言生成、机器翻译、对话系统、语音助手等领域。以下举例说明。

（1）文章创作辅助

基于 GPT 模型的语言生成能力，可以开发文章创作辅助工具，通过输入关键词和主题，自动生成符合需求的文章内容。这种应用场景可以服务于各种媒体和企业，帮助他们提高创作效率和质量。例如，针对新闻媒体，可以开发一个智能新闻编辑器，通过输入新闻事件的关键词和描述，自动生成符合规范和内容要求的新闻稿件，大大提高新闻编辑的效率和准确性。

（2）跨语言交流服务

开发基于 OpenAI 机器翻译的在线翻译应用，可以为跨语言交流提供方便快捷的解决方案。这种应用场景可以服务于各种在线交流平台、电商平台等，帮助用户打破语言障碍，扩大市场规模。例如，针对电商平台，可以开发一个智能翻译插件，将商品详情、评价等内容自动翻译成用户所需语言，提高用户的购物体验和购买率。

（3）智能客服

利用对话系统技术，开发智能客服和聊天机器人等应用，可以为企业提供 24 小时在线客服支持，降低人力成本、提高服务效率。这种应用场景可以服务于各种电商、金融、咨询等企业。例如，针对金融机构，可以开发一个智能投资顾问，通过自然语言对话，根据用户的投资偏好和风险承受能力，为用户提供个性化的投资建议和服务。

（4）语音助手

基于 OpenAI 自然语言生成和识别技术，可以开发语音助手应用，如智能语音助手、智能家居控制等。这种应用场景可以服务于各种智能硬件厂商、家居服务提供商等，提高用户的生活便利度。例如，针对智能家居，可以开发一个智能家居控制系统，通过语音识别和语音合成技术，让用户可以通过语音指令来控制家中的各种设备，提高用户的家居生活品质和便利性。

（5）智能文档管理

基于 OpenAI 的语言生成能力，可以开发智能文档管理工具，通过自动化生成、分类、归档等功能，帮助用户提高文档管理效率和质量，可以服务于各种企业和个人用户。

（6）智能搜索引擎

利用 OpenAI 的自然语言处理和信息检索技术，可以开发智能搜索引擎，通过智能化的搜索推荐、过滤和排序等功能，提高用户搜索体验和效率，可以服务于各种搜索引擎和网站。

（7）智能音乐创作

利用 OpenAI 的语言生成和自动编曲技术，可以开发智能音乐创作工具，通过输入歌词和风格等元素，自动生成符合要求的音乐作品，可以服务于音乐产业和个人用户。

（8）智能医疗

利用对话系统和自然语言处理技术，开发智能医疗服务应用，提供医疗咨询、辅助诊断等服务，可以帮助医生提高工作效率和诊疗准确性，服务于医疗机构和个人用户。

（9）个人头像智能生成

基于 GPT 模型的语言生成和图像处理能力，可以开发个性化的头像生成应用，为用户提供自定义的头像选择和设计。这种应用场景可以服务于各种社交网络、游戏平台等，提高用户的个性化体验和互动性。

（10）智能写作助手

基于 GPT 模型的语言生成能力，可以开发智能写作助手应用，为用户提供自动化的写作辅助和校对服务。这种应用场景可以服务于学生、教师、作家等，提高写作效率和质量。

（11）在线英语作文批改

基于 GPT 模型的语言处理和识别能力，可以开发在线英语作文批改应用，为用户提供语法、用词、语境等多方面的纠错和优化服务。这种应用场景可以服务于学生、教师、语言培训机构等，提高英语学习效果和评估水平。

除此之外，还有很多基于 OpenAI 的其他创业方向等待创业者们挖掘。无论是哪个领域，都可以借助 OpenAI API 的强大能力，快速搭建各种应用，实现自动化服务，为用户带来更好的体验和价值。

### 2. 创业步骤

基于 OpenAI 的创业的具体步骤如下。

（1）找到市场需求和痛点

首先需要分析市场，找到人们的需求和痛点，确定产品定位和功能。可以进行市场调查和竞品分析，了解市场的现状和未来发展趋势，找到适合自己创业的领域和方向。

（2）注册 OpenAI 账号并获取 API 密钥

注册 OpenAI 账号，并获取 API 密钥，选择合适的 API 服务类型和套餐。可以根据自己的需求和预算选择合适的 API 套餐和服务类型，如 GPT-3、机器翻译、对话系统等。

（3）进行开发和测试

根据 OpenAI API 提供的接口文档和示例代码进行开发和测试。可以使用各种编程语言和开发工具，如 Python、Java、Node. js 等，利用 OpenAI API 提供的 SDK 和接口，进行应用的开发和测试。

（4）将开发的应用部署和上线

完成开发和测试后，需要将应用部署和上线，进行运维和优化。可以选择云服务提供商，如阿里云、腾讯云等，进行应用的部署和运维。

（5）推广和营销

完成应用的开发和上线后，需要进行推广和营销，以吸引用户和客户、增加用户粘性和忠诚度。可以通过社交媒体、广告投放、SEO 优化等方式推广应用，以提高曝光率和用户量。

总之，基于 OpenAI 的创业需要有明确的市场需求和痛点、合适的 API 服务类型和套餐、技术实力和开发经验、良好的运维和优化能力，以及有效的推广和营销策略。

# 第 10 章

# AI 的跨界融合：为 Web3 和元宇宙带来新动能

Web3 作为新一代互联网，强调去中心化、自治和透明，已经开始对传统的互联网进行颠覆性的改变。元宇宙则是虚拟和现实世界的完美融合，将带来前所未有的沉浸式体验。而 AI 则是这场变革中的重要力量，为 Web3 和元宇宙带来新的动能，使其更加智能化和人性化。

本章将探讨 AI 和 Web3、元宇宙之间的协作，以及它们未来的发展前景。

## 未来已来：你不能错过 Web3 和元宇宙

随着人工智能和区块链技术的不断发展，新一代互联网

Web3 和虚拟现实世界元宇宙正在逐渐崛起。Web3 是一种去中心化的互联网，通过区块链技术实现去中心化、安全性和透明度，可以让用户拥有更多的控制权和隐私权。而元宇宙则是虚拟和现实世界的完美融合，通过人工智能、虚拟现实、区块链等技术，创造出一个真实的虚拟世界，使得用户可以在其中实现各种场景和互动。

## Web3，新一代互联网

Web3 是新一代的去中心化互联网，利用区块链技术实现去中心化和安全性。相比传统互联网，Web3 更加注重用户隐私和数据安全，并且能够实现更加公平、开放、透明的商业模式和社会治理。Web3 的发展也带来了新的商业模式和机会，如去中心化金融、去中心化社交网络、去中心化市场等。

在传统互联网上，用户的数据和信息都由中心化的机构和平台掌控，用户的隐私和权益难以得到保障，而在 Web3 中，用户可以自己掌握自己的数据和身份信息，实现了信息的安全和隐私保护。例如，去中心化社交网络能够让用户拥有自己的数据和身份信息，可以掌握自己的隐私和数据使用权，实现更加公正和自主的社交交流。另外，Web3 还能够实现去中心化的金融服务，让用户不再依赖传统金融机构和中介，能够更加便捷、安全和低成本地进行投资、贷款、支付等操作。

除了去中心化社交网络和金融服务，Web3 还有很多其他应用领域。例如，在 Web3 中，智能合约能够实现无需信任的交易和合作，从而构建出更加安全和高效的商业生态。此外，Web3 还可以实现物联网设备的去中心化管理和交互，为智能家居、智慧城市等领域带来更多的可能性。另外，Web3 还可以推动数字版权的保护和交易，为创作者提供更加公正和透明的收益分配方式。

Web3 的发展也带来了新的商业机会。例如，去中心化市场能够让供应商和需求方直接交易，去除了中间环节，降低了成本和风险，促进了商业的创新和竞争。另外，去中心化应用程序也成为新的创业方向，可以通过区块链技术实现去中心化的应用程序和服务，为用户带来更加安全、透明和高效的体验。

总之，Web3 是一种新兴的互联网形态，具有去中心化、安全、透明、公正等特点，能够推动传统商业模式和社会治理的转型。

## 元宇宙，虚拟和现实世界的完美融合

元宇宙的概念最早由作家尼尔·斯蒂芬森在他的小说《雪崩》中提出，随后被越来越多的人关注和探索。元宇宙是一种虚拟的、数字化的空间，其中包含了许多虚拟场景、虚拟角色和虚拟物品。在元宇宙中，用户可以自由探索、创造和交流，感受到高度的沉浸和自由度。

元宇宙的发展离不开人工智能、虚拟现实、区块链等技术的支持。其中，人工智能可以帮助我们创造更加智能、逼真和自然的虚拟角色和场景，提高交互的质量和体验；虚拟现实技术可以帮助我们实现更加沉浸式的虚拟世界，让用户感受到更加真实和自然的体验；区块链技术可以实现虚拟物品的真实所有权和交易，为虚拟商品、虚拟广告、虚拟游戏等应用场景提供了新的商业模式和机会。

举个例子，元宇宙中的虚拟商品是一个很有潜力的应用场景。虚拟商品可以是各种数字化的物品，如数字艺术品、虚拟土地、虚拟衣服等，用户可以在元宇宙中自由购买、拥有和交易这些虚拟商品。虚拟商品的交易和所有权可以通过区块链技术来实现，保证了交易的公正和可追溯性，同时也为创作者提供了更加公正和透明的收益分配方式。

另外，元宇宙中的虚拟广告也是一个很有潜力的应用场景。虚拟广告可以出现在元宇宙中的各种场景中，如虚拟城市、虚拟赛场、虚拟电影院等，可以为品牌和企业带来更加广泛和有趣的宣传效果。虚拟广告的投放和效果评估可以通过人工智能技术来实现，为广告主提供更加准确和高效的广告服务。

总之，元宇宙作为虚拟和现实世界的完美融合，具有很高的商业价值和应用潜力。在未来，随着技术的不断进步和应用场景的不断拓展，元宇宙将会成为人们日常生活中不可或缺的一部分。在商业领域，元宇宙将会带来无限的商机和发展机会，包括虚拟商品、虚拟广告、虚拟游戏、虚拟现实体验等；在教育领域，元宇宙可以帮助学生更加生动、直观地学习各种知识，增强教育的趣味性和互动性；在医疗领域，元宇宙可以为医生提供更加真实的模拟环境，帮助他们更好地进行手术和治疗；在城市规划领域，元宇宙可以帮助城市规划师更好地模拟城市建设和交通运输等场景，为城市发展提供更多的可能性。

元宇宙的发展前景非常广阔，将会深刻地影响和改变人们的生活和工作方式。随着技术的不断进步，元宇宙的应用场景和商业模式也将不断拓展和创新。

## AI 与 Web3：两股力量的默契协作

Web3 作为新一代的去中心化互联网，依托于区块链技术的安全性和去中心化，注重用户隐私和数据安全，并可以实现更加公平、开放、透明的商业模式和社会治理。而 AI 作为一种能够模仿人类智能、学习和自我提升的技术，拥有着处理大量数据和智能化决策的能力。当这两股力量相结合时，将会带来更多的新机遇和新变革。

### 让 Web3 智能合约更智能

智能合约是 Web3 的核心组成，它是一种特殊的代码程序，能够自动执行预先设定的合约条款，并在执行结果满足条件时自动触发交易。智能合约的执行过程是自动的、透明的、不可篡改的，能够保证交易的公正性和可信度。

然而，传统的智能合约具有很大的局限性，它们只能执行简单的逻辑操作，无法进行复杂的判断和决策。为了解决这个问题，人们开始探索将 AI 技术应用到智能合约中，实现智能合约的更加智能化和灵活化。

举个例子，英国伦敦的一家公司 BurstIQ 就是利用 AI 技术改进了智能合约。BurstIQ 使用机器学习算法分析医疗数据，为医疗机构和医生提供更加智能化和精准化的医疗服务。通过智能合约，BurstIQ 能够自动实现医疗数据的共享和交换，并根据不同的需求自动调整数据的权限和访问方式。这样，医生和病人就可以更加便捷、安全、高效地使用医疗数据，提高医疗服务的质量和效率。

除了 BurstIQ 之外，还有很多其他的公司和项目也在探索将 AI 技术应用到智能合约中，如使用机器学习算法实现智能投资、使用自然语言处理技术实现智能合约编写等。总之，AI 技术能够使智能合约更加智能化和灵活化，为 Web3 的发展带来新的机遇。

## 为去中心化社交网络提供语言助手

在 Web3 中，去中心化社交网络可以让用户掌握自己的数据和身份信息，并实现更加公正和自主的社交交流。然而，不同语言的用户在社交交流中可能存在语言障碍，限制了信息的传播。这时候，AI 技术的应用可以为用户提供更加智能化和自然的语言助手，帮助他们进行更好的跨语言交流。

例如，在去中心化社交网络中，AI 语言助手可以帮助用户进行翻译和语音识别，让用户无须掌握多种语言即可实现跨语言交流。此外，在虚拟现实环境中，AI 语音助手还可以为用户提供更加自然和流畅的交流体验。

AI 技术在 Web3 社交平台中已经有了一定的应用。例如，去中心化社交平台 Sapien Network 就使用了 AI 语言助手，帮助用户进行跨语言交流。Sapien Network 的语言助手使用了自然语言处理和机器学习技术，能够识别和翻译多种语言，让用户无须掌握多种语言即可进行自由交流。此外，Sapien Network 还使用 AI 语音助手，在虚拟现实环境中为用户提供了更加自然和流畅的交流体验。

另一个例子是去中心化社交平台 Minds，它也使用了 AI 语言助手，帮助用户进行跨语言交流。Minds 的语言助手使用了深度学习技术，能够自动识别并翻译多种语言，同时还支持语音和文字交流。这些 AI 技术的应用让 Minds 的用户可以自由交流，跨越语言和地域限制。

除了跨语言交流，AI 技术还可以帮助社交平台实现更好的社交推荐和内容分发。例如，去中心化社交平台 Steemit 使用了 AI 算法，基于用户的兴趣和行为，推荐符合他们兴趣的内容和用户，提高了社交的精准性和效率。

这些例子表明，AI 技术在 Web3 社交平台上的应用，可以提高社交的效率和体验，让用户能够更好地进行跨语言交流和社交交流。

## 为链游带来智能角色

在 Web3 中，区块链技术可以为游戏提供更加公平和安全的游戏体验。而 AI 技术的应用则可以为游戏带来更加智能化和自然的角色体验。

例如，在链游（区块链游戏）中，AI 可以帮助游戏开发者创造更加智能和自然的角色，提高游戏的交互性和可玩性。例如，在一款以猫咪为主角的链游中，AI 技术可以帮助游戏开发者创造出更加真实和智能的猫咪角色，使得玩家可以更加自然和亲近地与这些角色进行互动。

除了创造智能角色，AI 技术还可以为链游带来更加智能化和个性化的游戏体验。例如，在一款基于角色扮演的链游中，AI 可以根据玩家的游戏行为和偏好来自动生成任务和故事情节，使得每个玩家的游戏体验都更加独特和个性化。

此外，AI 还可以为链游提供更加智能化和自然的语音交流体验。例如，在一款多人在线游戏中，AI 语音助手可以帮助玩家进行语音识别和翻译，使得不同语言的玩家可以更加方便和自然地进行交流。

总之，AI 技术在 Web3 中的应用为游戏带来了更加智能化和自然的角色体验，提高了游戏的交互性和可玩性。随着技术的不断进步和应用场景的不断拓展，AI 将会在 Web3 中扮演越来越重要的角色，为游戏带来更加丰富和多样化的体验。

## AI 与元宇宙：建立智能宇宙

元宇宙是虚拟和现实世界的完美融合，而 AI 技术的应用可以为元宇宙带来更加智能化和自然的体验。在元宇宙中，AI 可以帮助我们创造虚拟人、自动生成真实场景，并让交互体验更加智能化。

### 在元宇宙中创造虚拟人

元宇宙中的虚拟人是元宇宙的核心组成部分之一，可以帮助用户进行各种活动和交互。AI 技术可以帮助我们创造更加智能、自然和逼真的虚拟人，让用户感受到更加真实和自然的体验。

例如，AI 可以通过人工智能和机器学习技术来生成更加智能化和自然的虚拟人，让虚拟人具有更加自然和逼真的表情、语音和动作，从而提高用户的沉浸感和体验。此外，AI 还可以帮助我们生成更加多样化和个性化的虚拟人，让用户能够更好地选择和个性化自己的虚拟形象。

当我们进入元宇宙，虚拟人将是我们交互和沟通的主要方式。这些虚拟人不仅可以代表我们在元宇宙中参加各种活动，还可以成为我们的导师、朋友、伙伴和敌人。因此，创造更加智能、自然和逼真的虚拟人将成为元宇宙发展的重要趋势之一。

举个例子，OpenAI 开发 GPT-3 的自然语言处理模型就可以为人们创造更加自然、流畅和智能的语言交互体验。在元宇宙中，GPT-3 可以帮助我们创造更加智能、自然和逼真的虚拟人，让我们在元宇宙中获得更加真实和自然的体验。

另一个例子是 DeepMotion，他们开发了一种名为 SmartBody 的人物动画系统。该系统可以模拟人类的动作和行为，让虚拟人具有更加自然和逼真的表现。

总之，随着人工智能技术的不断发展和应用，元宇宙中的虚拟人将越来越智能、自然和逼真。这些虚拟人将在元宇宙中扮演越来越重要的角色。

## 自动生成真实场景

在元宇宙中，场景的生成和设计是非常重要的一部分，它们可以让用户获得更加丰富和真实的体验。AI 技术可以帮助我们自动生成更加真实和自然的场景，从而提高用户的沉浸感和体验感。

AI 技术可以利用机器学习和计算机视觉技术来自动生成真

实的场景。比如，在虚拟现实游戏中，AI 可以自动生成游戏地图，每次玩家进入游戏时，地图都会有所不同，从而提高游戏的可玩性和挑战性。《Neural MMO》就是一款利用 AI 技术自动生成游戏地图的游戏，AI 可以根据玩家的游戏风格和偏好来调整游戏场景，使得游戏体验更加个性化和丰富。这种自动生成场景的技术也可以应用在元宇宙中，帮助创建更加真实和自然的虚拟环境。

此外，AI 技术还可以根据用户的需求和喜好来自动生成个性化的场景。例如，在一些基于区块链的虚拟现实平台中，AI 可以根据用户的兴趣和喜好自动生成虚拟展览或者活动场景，让用户可以更好地探索和参与其中。这种个性化场景的生成技术可以大大提高用户的参与度和体验感。

但是，自动生成的场景并不是完美无缺的。因此，AI 技术还可以利用大数据和用户反馈来不断优化和改进生成的场景，使得它们更加真实、精确和符合用户需求。这种不断迭代的优化和改进过程，可以让场景的生成变得更加智能和高效。

除了游戏场景，AI 技术还可以在其他领域中应用。

在建筑设计方面，AI 可以根据建筑师的设计意图和用户的需求自动生成建筑设计方案，从而提高设计效率和准确性。例如，德国一家公司使用 AI 技术生成了一座名为“The Cube”的建筑物的设计方案，该方案在建筑外观、功能和结构上都符合用户的需求和设计标准。

此外，AI 技术还可以应用在虚拟旅游中，帮助人们自动生成逼真的景点场景，让用户可以在虚拟环境中体验真实的旅游场景。例如，Google Earth VR 就是一款利用 AI 技术自动生成真实地球景点的虚拟现实应用。通过 AI 技术的应用，虚拟旅游不仅可以提供更加多样化和自然的景点场景，还可以为用户提供更加真实的体验感。

总之，AI 技术的应用可以让元宇宙中的场景更加真实、多样化和自然，为用户带来更加丰富和沉浸的体验。不论是游戏场景、建筑设计还是虚拟旅游，都有着广阔的应用前景。通过不断优化和改进，AI 技术的自动生成场景能力将会变得越来越智能、高效和逼真，为元宇宙的未来发展提供更加广阔的可能性。

## 让交互体验更智能

在元宇宙中，交互体验的智能化和自然化是非常重要的。利用 AI 技术，我们可以让元宇宙的交互方式更加多样化、智能化和自然化。

通过应用自然语言处理技术和语音识别技术，我们可以通过语音指令和语音交互来控制虚拟环境中的物体和角色。比如，在玩一款角色扮演游戏时，你可以通过语音指令告诉你的虚拟队友们执行某些任务或者发动某些技能，如“攻击敌人”或者“治疗队友”。这种语音交互的方式让游戏操作更加流畅自然，同时也能增强游戏的沉浸感。

同时，利用计算机视觉技术和手势识别技术，我们也可以通过手势来控制虚拟环境中的物体和角色。比如，在虚拟现实中，你可以通过手势控制你的虚拟手臂或手掌来操作物品，如拿起一个杯子或者按下一个按钮。这种手势识别的应用让交互更加直观自然，让你感觉好像真的在虚拟环境中亲手操作物品一样。

此外，利用脑机接口技术和神经网络技术，我们可以通过大脑信号来控制虚拟环境中的物体和角色，实现更加直观和自然的交互体验。假设你正在玩一款赛车游戏，通过脑机接口技术，你可以通过集中精神或者放松肌肉来控制虚拟赛车，如加速或者转弯。这种脑机接口的应用让交互更加自然直观，让你感觉好像真的在驾驶一辆赛车一样。

这些智能的交互方式的应用，将让我们在元宇宙中的体验更加真实、自然和个性化。通过语音指令或手势控制虚拟角色的行动，使得游戏操作更加方便、自然和流畅。而脑机接口则让我们通过思考的方式来控制虚拟角色的行动和动作，实现更加直观和自然的交互体验。

除了以上智能的交互方式，利用机器学习技术和数据分析技术，系统还可以分析用户的行为和需求，为用户提供更加智能和个性化的交互体验。例如，在元宇宙的社交场景中，系统可以分析用户的行为和好友关系，从而为用户推荐更加个性化的社交互动，提高社交的质量。

当进入元宇宙的虚拟环境时，我们希望能够像在现实生活中一样自然地与周围的物体和角色进行交互。通过 AI 技术的应用，我们可以让元宇宙的交互体验更加智能、自然和个性化。

利用机器学习技术和数据分析技术，可以分析用户的行为和需求，为用户提供更加智能和个性化的交互体验。例如，在游戏中，系统可以根据玩家的游戏习惯和行为，自动调整游戏难度、出现的物品等，以适应玩家的个性化需求；在虚拟购物场景中，系统可以分析用户的购物历史和喜好，为用户推荐更加个性化的商品和服务；在虚拟旅游场景中，系统可以根据用户的偏好和兴趣，推荐更加符合用户需求的旅游线路和景点。这些个性化的交互方式将让我们在元宇宙中的体验更加真实、令人难忘。

总之，通过应用 AI 技术，我们可以让元宇宙中的交互方式更加多样化、智能化和自然化，从而提高我们在元宇宙中的体验质量。交互体验的智能化和自然化是实现元宇宙愿景的重要一步，而 AI 技术正是实现这一目标的关键技术之一。在未来，我们可以期待元宇宙中的交互体验变得更加智能、自然和个性化，为我们带来更加丰富、真实的虚拟体验。

第 4 篇

# 未来展望：ChatGPT 如何发展？建立人机命运共同体

随着技术的不断发展，ChatGPT 的规模将不断扩大，在越来越多的任务领域得到拓展。但是，在这个过程中，ChatGPT 也面临着一些挑战。以 ChatGPT 为代表的 AI 技术将发展向何处，是人类不得不面对的话题。

本篇将为您展示 ChatGPT 的未来发展趋势和面临的挑战，探讨如何在发展的同时保障数据安全和避免不当使用。同时，我们还将从更宏观的角度探讨人工智能与人类命运的未来发展。

让我们一起共同探究 ChatGPT 与 AI 的潜力和未来吧！

# 第 11 章

# ChatGPT 的发展趋势：更聪明、更有用、更安全

随着 AI 技术的发展，ChatGPT 也将不断提高其规模和能力，实现更高水平的语言理解和处理。同时，ChatGPT 对于数据安全和隐私的处理方式也会更加完善。

本章将从规模、跨模态的角度阐述 ChatGPT 的发展趋势，并讨论 ChatGPT 未来在数据安全和隐私保护方面需要做出的努力。

## 从神奇到更神奇：ChatGPT 的规模提升

随着硬件设备的提升和算法的改进，ChatGPT 模型的规模将不断提高，从而实现更高水平的语言处理和理解能力。在未来，ChatGPT 模型的规模可能会超过目前最大的 GPT-3 模型，实现更

加神奇的语言处理和创造能力。

## 超越 GPT-3

在自然语言处理（NLP）领域中，语言模型是最基本、最关键的技术之一。语言模型的核心任务是预测下一个单词或字符出现的概率，从而生成具有语言连续性和逻辑性的自然语言文本。其中，GPT-3 是目前规模最大、效果最好的语言模型之一。

GPT-3 拥有 1750 亿个参数，可以进行语言生成、机器翻译、问答系统等多种自然语言处理任务。GPT-3 的出现标志着自然语言处理领域的新时代，也为 ChatGPT 提供了更高的发展目标。

然而，尽管 GPT-3 的表现已经非常出色，但是它仍然存在一些问题。

首先，GPT-3 在面对复杂的语义关系和推理问题时表现并不理想，这限制了它在一些实际场景下的应用。其次，GPT-3 的模型参数数量非常大，这导致其训练和运行的成本非常高，同时也给模型的可解释性带来了挑战。

为了更好地解决这些问题，ChatGPT 的规模需要不断提升。

第一，ChatGPT 将会设计更多的模型层级和模型结构，进一步提高模型的规模和表达能力。例如，在模型结构方面，ChatGPT 可以借鉴 Transformer、BERT、GPT-3 等模型的设计思路进行优化和改进。同时，ChatGPT 可以使用更多的数据源，包括更多的语言、多模态数据等，以进一步提高模型的泛化能力和表达能力。

第二，ChatGPT 可以使用更高效的训练策略，如深度学习中的分布式训练和增量式学习等技术，以降低模型的训练和运行成本。这些技术可以大大提高模型的训练效率，同时还能够充分利用计算资源，让 ChatGPT 更快地提升规模和表现。

除此之外，ChatGPT 还可以在模型参数的管理和优化上进行更多的探索和创新。例如，ChatGPT 可以使用更加高效的参数压缩算法，以减少模型的存储和传输成本；同时，ChatGPT 也可以进一步提高模型的可解释性和鲁棒性，以应对不同的应用场景和数据环境。在这些方面，ChatGPT 可以借鉴深度学习领域的最新研究成果，并将其应用到自然语言处理中。如 ChatGPT 可以探索深度生成模型（Deep Generative Models）等新兴技术，以生成更加自然、准确的文本。

总之，随着自然语言处理技术的不断发展，ChatGPT 的规模和表现将会不断提升。未来，ChatGPT 有望成为自然语言处理领域的重要基石，为各种语言任务提供高效、准确的解决方案。同时，ChatGPT 的发展也将为 AI 领域的发展带来新的动力和方向，推动 AI 技术的进一步发展和应用。

## 硬件加持让 ChatGPT 更强大

ChatGPT 需要依赖强大的硬件设备才能实现其高水平的语言

处理能力。未来，随着计算机性能的不断提高，ChatGPT 也将不断借助硬件加持来提高其规模和能力。例如，利用 GPU 和 TPU 等硬件设备，可以让 ChatGPT 模型的训练速度和效果更加优秀，实现更高水平的语言处理和理解能力。

硬件设备是支撑 ChatGPT 实现高水平语言处理能力的重要基础。尤其是随着计算机硬件技术的不断发展，ChatGPT 可以通过硬件加持来进一步提高模型的规模和能力。

GPU 和 TPU 是目前最流行的用于加速深度学习模型训练和推理的硬件设备。与传统的 CPU 相比，GPU 和 TPU 拥有更多的计算核心和内存带宽，可以大大加速模型的运算速度。例如，以 GPT-3 为例，如果使用一台普通的 CPU 来运行，其每秒钟只能处理几十个单词，而使用 GPU 或 TPU 则可以将每秒的处理速度提高到数百个单词或字符。

除了 GPU 和 TPU 之外，ChatGPT 还可以利用更加高级的硬件设备来进一步提高模型的能力。例如，基于 FPGA 的神经网络加速器可以提供更高的计算密度和能效比，同时还可以针对特定任务进行优化。这些硬件设备可以让 ChatGPT 模型在更短的时间内完成更复杂的计算任务，同时也可以让模型在低功耗、低延迟的情况下实现更高的性能。

此外，ChatGPT 还可以通过分布式计算来进一步提高模型的规模和能力。分布式计算将模型训练任务分配给多个计算节点来完成，可以充分利用多台计算机的计算资源，加快模型的训练速度。同时，分布式计算还可以将模型的存储和传输成本降到最低，让模型的部署更加高效。

总的来说，硬件加持是 ChatGPT 实现更高水平语言处理能力的关键因素之一。未来，随着计算机硬件技术的不断提高，ChatGPT 可以借助更加先进的硬件设备来进一步提升模型的规模和能力，为自然语言处理领域的发展带来更多的可能性。



## 从语言到跨模态：ChatGPT 的任务领域扩展

除了语言处理和理解，ChatGPT 还将不断扩展其应用领域，涉及图像、音频等多种模态的处理和理解。这种跨模态的任务领域扩展将使 ChatGPT 更加全面和多功能，为用户提供更加丰富和个性化的服务和体验。

### ChatGPT 在图像处理领域的应用

图像处理是另一个广泛应用的领域，它通常需要对图像进行分类、识别、检测和生成等任务。通过使用跨模态的方法，将图像信息和文本信息结合起来，可以大大提高图像处理的效率和准确性。ChatGPT 可以通过学习从图像到文本的映射关系，来实现从图像到文本的转换和处理。例如，在图像分类任务中，ChatGPT 可以将输入的图像转换为文本描述，然后再根据文本描述进行分类。在图像生成任务中，ChatGPT 可以通过学习图像和文本之间的语义关系生成更加符合要求的图像。

实际应用中，图像和文本往往密切相关。在电商平台上，用户可以通过输入文本描述来搜索商品，而 ChatGPT 通过学习商品的文本描述和图像信息之间的关系，可以提高搜索的准确性和效率。在社交媒体上，用户可以通过上传图片来分享生活照片，ChatGPT 可以通过学习图片中的特征和文本描述之间的关系，生成更加符合用户需求的图片标签。ChatGPT 的跨模态的语义理解和表达是图像处理领域的核心优势。例如，假设一个用户上传了一张柯基犬的照片，ChatGPT 可以通过分析照片中的视觉特征和文本描述，进一步识别出这是一只柯基犬，并搜索出其他柯基犬的图片，甚至可以在图片中识别出柯基犬的品种、年龄、性别等细节信息，提供更精准的搜索结果。

另外，ChatGPT 在电商平台上还可以通过学习商品的文本描述和图片信息之间的关系，提高商品推荐的准确性和效率。例如，当用户在网站上搜索“黑色皮鞋”时，ChatGPT 可以分析用户的搜索历史和购买记录，并结合图像处理技术，推荐出与“黑色皮鞋”相匹配的商品，包括款式、品牌、价格等信息，提供更加精准的商品推荐服务。

最后，ChatGPT 还可以用于图像生成和编辑任务，如照片风格迁移、卡通化等。在照片风格迁移中，ChatGPT 可以对输入的图片和样式图片进行分析，提取出两张图片的特征，并使用文本描述来指导图片的风格和纹理转换，从而生成出更符合用户需求的照片。在卡通化中，ChatGPT 可以分析图片的颜色、线条等视觉特征，并使用文本描述来控制卡通化的风格和表现方式，从而生成卡通化的图片。

总之，ChatGPT 在图像处理领域的应用前景非常广阔，通过跨模态的语义理解和表达，可以为各行各业带来更加精准、高效、个性化的图像处理服务。

## ChatGPT 在音频处理领域的应用

音频处理也是一个广泛应用的领域，它通常需要对声音进行识别、转录、理解和生成等任务。通过使用跨模态的方法，将音频信息和文本信息结合起来，可以大大提高音频处理的效率和准确性。

ChatGPT 可以通过学习从音频到文本的映射关系来实现从音频到文本的转换和处理。在语音识别任务中，ChatGPT 可以将输入的音频转换为文本，然后再根据文本进行识别和处理。在音频生成任务中，ChatGPT 可以通过学习音频和文本之间的语义关系，生成更加符合要求的音频。

在实际应用中，音频和文本往往密切相关。例如，在语音助手中，用户通过语音输入来获取特定的信息。ChatGPT 可以通过学习语音和文本之间的关系，提高语音助手的理解能力和准确性；在语音翻译中，用户通过输入源语言的语音获取目标语言的文本或语音。ChatGPT 可以通过学习源语言和目标语言之间的关系，提高翻译的准确性和效率。

另外，ChatGPT 还可以应用于音频内容分析和推荐中。例如，在音乐推荐中，用户通过输入关键词来搜索特定的音乐。ChatGPT 可以通过学习音乐的文本描述和音频特征之间的关系，推荐出与关键词相关的音乐，包括歌曲名称、艺术家、风格等信息，提供更加个性化的音乐推荐服务。在电台节目推荐中，ChatGPT 可以通过分析用户的收听历史和兴趣爱好，推荐出符合用户口味的电台节目，提供更加智能化的节目推荐服务。

此外，ChatGPT 还可以用于音频生成和编辑任务，如语音合成和声音处理。在语音合成中，ChatGPT 可以通过学习文本描述和音频特征之间的关系，生成更加自然流畅的语音。在声音处理中，ChatGPT 可以通过学习声音特征和文本描述之间的关系，对声音进行降噪、增益、去除杂音等处理，提供更加清晰、高质量的声音效果。

总之，ChatGPT 在音频处理领域的应用前景非常广阔，通过跨模态的语义理解和表达，可以为各行各业带来更加精准、高效、个性化的音频处理服务。

## 从隐私到公平：ChatGPT 的数据安全

随着 ChatGPT 模型的不断应用和发展，数据安全问题也越来越引人关注。在 ChatGPT 模型中，数据来源多样，包括文本、图像、音频等，这些数据都涉及用户的隐私和个人信息，因此如何保护用户的隐私和数据安全成为一个重要的问题。

## ChatGPT 中的数据安全问题及应对策略

ChatGPT 的数据安全问题主要包括以下几个方面。

（1）数据泄露问题

在数据采集、存储、传输等过程中，可能会发生用户隐私数据泄露的情况。

（2）数据滥用问题

在数据应用过程中，可能会出现数据滥用的情况，如将用户数据用于商业目的等。

（3）数据偏见问题

在数据收集和处理过程中，可能存在数据偏见的情况，导致 ChatGPT 模型的结果出现偏差。

为了应对这些数据安全问题，ChatGPT 可以采取以下策略。

- 加密和安全传输：在数据传输和存储过程中，采用加密技术和安全传输协议，保证数据的安全性和保密性。
- 数据访问权限控制：在数据使用过程中，对数据的访问权限进行控制和管理，只有授权的人员才能访问和使用数据。
- 数据去偏见化处理：在数据收集和处理过程中，采用去偏见化技术，减少数据偏见的影响，提高模型的准确性和公正性。

## ChatGPT 如何更好地保护用户隐私

在保护用户隐私方面，ChatGPT 还可以在以下方面做出努力。

（1）数据去标识化处理

在数据收集和存储过程中，采用去标识化技术，将用户的个人信息和数据分离，保护用户隐私。

（2）数据匿名化处理

在数据使用过程中，采用数据匿名化技术，对数据进行加密和随机化处理，保护用户隐私。

（3）用户数据授权管理

在数据使用过程中，采用用户数据授权管理机制，对用户数据的使用和共享进行严格的管理和控制。

（4）隐私协议和用户声明

在数据收集和使用过程中，制订隐私协议和用户声明，明确数据使用的目的和范围，保护用户隐私权和利益。

综上所述，ChatGPT 作为一种先进的自然语言处理技术，面临着数据安全和用户隐私的挑战。通过采取加密和安全传输、数据访问权限控制、数据去偏见化处理等策略，可以有效降低数据泄露、数据滥用和数据偏见的风险。

此外，通过数据去标识化处理、数据匿名化处理、用户数据授权管理和制定隐私协议和用户声明等措施，可以更好地保护用户隐私。

在未来，ChatGPT 应该加强数据安全和用户隐私保护的措施，不断优化技术和流程，确保用户数据的安全和隐私。同时，ChatGPT 也需要重视公平性问题，尽可能避免模型出现偏差和不公正的情况。只有在保护好用户隐私和数据安全的同时，才能获得用户的信任和支持，推动技术的可持续发展。

# 第 12 章

# ChatGPT 的未来挑战：能力与责任并重

ChatGPT 作为一种人工智能模型，拥有着强大的自然语言处理能力，已经在许多领域得到了广泛应用。然而，随着它的使用范围越来越广泛，也带来了一些挑战和问题。

本章将重点探讨 ChatGPT 在数据样本和标注、模型泛化能力，以及伦理和社会责任等方面所面临的问题和挑战。

## 有限与无限：ChatGPT 数据样本和标注问题

在 ChatGPT 的训练过程中，数据样本和标注质量直接影响着模型的性能和表现。然而，现实中获取高质量的数据和标注是非常困难和昂贵的。此外，数据样本和标注的有限性也可能限制 ChatGPT 模型的应用和推广。

## ChatGPT 训练中的数据问题

ChatGPT 模型的训练需要大量的数据支持，但是数据的获取和处理非常困难。一方面，数据可能来自各种渠道和来源，包括互联网、社交媒体、企业数据等，不同渠道的数据质量和可靠性也不同。另一方面，数据的处理和标注也需要大量的人力和时间，因此数据的数量和质量都是一个非常大的问题。

为了更好地理解 ChatGPT 训练中的数据问题，我们以图像识别为例说明。

在图像识别领域，模型的训练需要大量的图像数据支持，这些数据来自各种不同的渠道和来源，包括互联网、社交媒体、摄像头拍摄等。然而，这些图像数据可能存在各种问题，如光照不足、模糊、噪声等，这些问题都可能对模型的训练和表现产生不利的影响。

为了解决这些问题，研究人员通常需要花费大量的时间和人力对数据进行处理和标注。例如，他们需要对图像进行分类、标注物体、标注位置等操作。这些标注过程需要专业知识和技能，因此也需要耗费大量的人力和时间。

此外，数据的数量和质量也是一个非常大的问题。图像识别模型需要大量的数据支持才能获得较好的表现，但是图像数据的获取和处理非常困难。因此，研究人员需要花费大量的时间和精力来收集和处理数据，这也是一个非常大的挑战。

综上所述，数据问题是 ChatGPT 模型训练中的一个重要问题，需要采取一系列措施来解决。只有通过有效的数据处理和管理，才能保证 ChatGPT 模型的性能和表现。

## ChatGPT 数据质量和可靠性

ChatGPT 模型的性能和表现直接受到数据质量和可靠性的影响。然而，数据质量和可靠性是一个非常大的问题，因为数据可能包含各种噪声和错误。这些问题可能会对模型的训练和表现产生不利的影响。

下面通过一些例子来展示数据质量和可靠性问题对 ChatGPT 模型的影响。

### 1. 语法和拼写错误

在自然语言处理中，语法和拼写错误是常见的问题。例如，当 ChatGPT 模型处理的一句话中包含语法或拼写错误时，模型可能会产生错误的输出，从而降低模型的准确性。为了解决这个问题，可以采用自动化和半自动化的标注方法来提高标注的效率和质量。同时，也可以利用语法检查和拼写检查技术来清除语法和拼写错误，提高数据质量和可靠性。

### 2. 歧义

自然语言中的歧义是另一个常见的问题。例如，当 ChatGPT 模型处理一句话时，如果该句话存在歧义，模型可能会输出错误的结果。为了解决这个问题，可以采用多样化的数据和标注来训练模型，提高模型对不同数据的适应能力。同时，也可以利用上下文信息和语义分析技术来减少歧义，提高数据质量和可靠性。

### 3. 数据噪声

数据中的噪声是一个重要的问题。例如，当 ChatGPT 模型处理一段文本时，如果该文本存在噪声，比如无关信息、广告等，模型可能会输出错误的结果，从而降低模型的准确性。为了解决这个问题，可以采用数据清洗和筛选技术来清除噪声和错误，提高数据质量和可靠性。

因此，为了提高模型的性能和准确性，我们需要采取一些措施来保证数据的质量和可靠性。主要措施如下。

1）数据筛选和清洗：通过数据筛选和清洗，可以去除无用的数据和错误的数据，提高数据的质量和可靠性。例如，可以使用自然语言处理技术和机器学习算法来检测和清除拼写错误、语法错误、歧义等问题。

2）标注质量控制：采用专业的标注工具和标注流程来控制标注质量，如通过多人标注和互相校验来提高标注的可靠性和准确性。

3）人工审核和纠错：采用人工审核和纠错的方式来发现和纠正数据中的错误和问题。例如，可以通过人工审核和纠错来解决数据中的歧义、错误标注等问题。

4）多样化数据来源和标注方式：通过多样化的数据来源和标注方式来提高数据的多样性和可靠性，如通过网络爬虫、人工采集、众包等方式获取数据，并采用多人标注、机器标注等方式进行标注。

综上所述，我们可以通过一些措施和方法，有效提高 ChatGPT 数据质量和可靠性，从而进一步提高模型的性能和表现。

## 单一与多元：ChatGPT 模型泛化能力问题

ChatGPT 模型的泛化能力指的是模型对新数据的适应能力。然而，由于数据样本和标注的有限性，ChatGPT 模型可能存在泛化能力不足的问题。

### 如何提高 ChatGPT 的泛化能力

为了提高 ChatGPT 模型的泛化能力，可以采取以下措施。

#### 1. 增加数据样本和标注的多样性

这个措施的目的是提供更多样的数据和标注来训练模型，让模型能够适应更多不同的数据类型和语境。例如，可以使用不同来源的数据集，或者对数据集进行增广，如添加随机扰动、旋转、缩放等变换，从而增加数据的多样性。

#### 2. 使用多任务学习

这个措施的目的是让模型能够学习多种不同的任务，从而提高模型的泛化能力。例如，可以将模型训练成可以同时执行语言理解、文本生成、语音识别等多种任务，这样可以让模型适应更多种不同的场景和数据类型。

3. 模型蒸馏

这个措施的目的是通过压缩模型来提高模型的泛化能力。例如，可以训练一个较大的模型，然后使用较小的模型来“蒸馏”大模型的知识。蒸馏过程中，可以利用一些技术（如软标签、知识蒸馏等）来提取出大模型的知识，并将这些知识传递给较小的模型，从而提高较小模型的泛化能力。

总之，提高 ChatGPT 模型的泛化能力需要采取多种措施，包括增加数据样本和标注的多样性、使用多任务学习、模型蒸馏等。这些措施可以让模型适应更多不同的数据类型和场景，提高模型的泛化能力和应用范围。

## ChatGPT 的泛化问题

ChatGPT 的泛化能力问题是当今人工智能领域面临的重要挑战之一。泛化能力不足会导致模型在新的数据和任务上表现不佳，甚至出现错误的预测结果。解决这个问题的一个有效方法是采用迁移学习。迁移学习是一种将已有的模型和知识应用于新的任务和领域的方法，可以加速模型的学习、提高模型的泛化能力。

例如，有一个 ChatGPT 模型用于对话生成，而现在需要将其应用于自然语言推理的任务中。通过迁移学习的方法，可以利用已有的对话生成模型的知识来加速自然语言推理模型的学习，并提高其泛化能力。这样就可以节省大量的训练时间和数据，同时提高模型的性能和效率。

除了迁移学习，还可以采用模型蒸馏的方法来提高模型的泛化能力。模型蒸馏是一种让一个大模型指导一个小模型学习的方法，可以通过压缩模型并减少模型参数来提高模型的泛化能力。例如，将一个大型的 ChatGPT 模型用于对话生成，通过其指导一个小型的模型进行学习，可以得到一个更加轻量级的模型，同时也提高了其在新数据上的泛化能力。

在实际应用中，为了提高模型的泛化能力，还需要注意数据的多样性和质量，采用多样的数据和标注来训练模型，并对数据进行清洗和筛选，去除噪声和错误，提高数据的质量和可靠性。同时，采用多任务学习的方法，让模型在不同任务和数据上进行学习，也能提高其泛化能力。

## 责任与共担：ChatGPT 社会和伦理问题

随着 ChatGPT 模型的不断发展和应用，其在社会和伦理方面的影响也越来越受到关注。在使用 ChatGPT 模型时，需要考虑到其对社会和个人的影响和责任。

## ChatGPT 中的语言偏见和不当使用

ChatGPT 模型的性能和表现可能受到语言偏见和不当使用的影响。举个例子，在对职业描述时，数据可能偏向男性职业（如“程序员”“工程师”），而女性职业（如“保姆”“护士”）则会被忽略。这种偏见可能会影响模型的训练和结果，导致模型对不同群体的判断不公平。

为了解决这些问题，可以采用去偏见化的方法来处理数据。例如，可以引入更多多样化的数据和标注来消除偏见，从而提高模型的公正性和准确性。同时，还可以通过增加多样性和包容性来提高模型的泛化能力，这样模型可以更好地适应各种群体的需求和特点。

另外，也需要注意模型的使用方式。为了避免模型的不当使用，可以制订相关规定和准则来规范模型的使用。例如，对模型的使用目的和范围进行明确规定，避免模型被用于歧视和偏见的行为。同时，也需要加强对模型的监管和评估，确保模型的使用符合相关法律法规和伦理准则。

综上所述，解决 ChatGPT 中的语言偏见和不当使用问题需要综合使用多种方法和策略，从数据采集和处理到模型训练和使用，都需要加强监管和规范，以保证模型的公正性、准确性和可靠性。

## AI 伦理和社会责任问题

随着 ChatGPT 模型在各个领域的应用，人们越来越关注其对社会和个人的影响与责任。AI 伦理和社会责任问题涉及数据隐私、公平性、透明度和可解释性等方面，需要进行综合考虑和解决。

（1）数据隐私问题

数据隐私是 AI 伦理和社会责任中的一个重要问题。ChatGPT 模型需要大量的数据支持，包括用户输入的语言数据，这些数据可能涉及用户的个人信息和隐私。如果这些数据被滥用或泄露，将对用户造成不良影响。例如，2021 年 6 月，美国的一家医疗保健公司泄露了超过 100 万名患者的个人信息，其中包括了患者的姓名、地址、社会安全号码和医疗记录等，这个事件引发了人们对数据隐私的关注和担忧。

为了解决这个问题，需要加强数据隐私保护，确保用户的个人信息和隐私得到充分保护。政府和企业需要制定相应的隐私保护政策和法规，对数据的收集、存储、处理和使用进行规范和监管。同时，也需要加强用户教育和知情权，让用户更加清楚自己的数据被收集和使用的情况。

（2）公平性问题

公平性是 AI 伦理和社会责任中的另一个重要问题。ChatGPT 模型的应用可能涉及各种社会群体，包括性别、种族、宗教等方面。如果模型存在偏见和歧视，将对这些社会群体造成不公平和不利影响。例如，在 2018 年，Amazon 曾经推出了一款人力资源 AI 工具，但是该工具存在性别偏见，导致女性候选人被排除在招聘范围之外，这个事件引发了公平性问题的关注和讨论。

为了解决这个问题，需要采用去偏见化的方法来处理数据，减少数据偏见的影响。同时，还可以利用多样化的数据和标注来提高模型的公正性和准确性。政府和企业需要制定公平性政策和法规，规范模型的开发和应用。此外，还需要加强公平性的评估和监督，确保模型的公平性和准确性。

（3）透明度和可解释性问题

透明度和可解释性也是 AI 伦理和社会责任中的重要问题。ChatGPT 模型的决策过程和影响可能对个人和社会产生重要影响，因此需要加强模型的透明度和可解释性，让用户和社会更好地理解模型的决策过程和影响。例如，在医疗领域，ChatGPT 模型可能用于诊断和治疗疾病，但是如果模型的决策过程和影响不能被解释和理解，将对患者的健康和生命造成潜在风险。

综上所述，AI 伦理和社会责任问题是一个非常重要和复杂的问题，需要各方共同努力和合作，通过制定政策和法规、加强伦理教育和指导、推动技术创新和标准化等多种方式，促进 AI 的健康发展，为社会和个人创造更多的价值和福利。

## AI 会不会让人类失业

AI 是否会让人类失业是一个备受关注的问题。随着 AI 技术的快速发展和应用，越来越多的工作将被自动化和机器替代，这不仅影响普通人的收入状况，还对整个社会和经济结构产生深远影响。因此，我们必须正视这一问题。

首先，可以肯定地讲，从生产制造业到服务行业，无论是低技能还是高技能的职业，都有可能被 AI 替代。例如，生产制造业中，工业机器人可以代替人类完成重复性、精细性工作，提高效率和精度；金融服务行业中，AI 可以完成基于规则的工作，如贷款审批和风险管理；医疗行业中，AI 可以协助医生进行诊断和治疗决策；在客户服务和销售领域，AI 可以提供自然语言处理和语音识别技术，与客户进行沟通和交互。

但是，从目前来看，尽管 AI 可以处理大量数据和任务，但在创造性、判断性和创新性等方面，人类仍然具有不可替代的优势。因此，AI 并不会完全替代人类，而是在人类的指导和监管下，与人类共同完成任务。

以下举两个例子：

在制药行业中，AI 已经被广泛应用于药物研发和测试。AI 可以分析数百万个化合物，并识别最有希望的药物候选者。这项技术可以缩短药物研发周期，降低研发成本，同时提高药物研发的成功率。然而，这并不意味着 AI 可以完全取代制药公司的研究人员。实际上，制药公司的研究人员可以与 AI 算法合作，共同分析数据和评估药物候选者的效果，从而提高药物研发的效率和成功率。

在农业领域，AI 可以被用于农作物的监测和管理。通过利用图像识别技术和传感器数据，AI 可以帮助农民识别作物疾病和害虫，并提供相应的治疗方案。此外，AI 还可以帮助农民优化作物种植方案，提高产量和质量。然而，这并不意味着 AI 可以完全取代农民的角色。实际上，农民仍然需要根据当地的环境和气候条件，制订种植计划，并进行实际的种植和收割工作。

从另一方面来看，AI 技术也可能会带来新的就业机会，如数据分析师、机器学习工程师和 AI 开发人员等。此外，AI 也可能促进生产和服务的创新和增长，从而创造更多的就业机会。

还有一些职业需要人类的情感、道德和创造力等人类特有的能力，难以被机器替代。例如，教师、艺术家、心理医生、律师等职业，这些职业需要人类的情感、道德和创造力，以及与人类之间的互动和沟通，包括理解、回应情感的能力，这些是机器难以实现的。

因此，我们需要认识到 AI 与人类的合作和互补。在一些职业领域，AI 技术已经与人类合作，共同完成任务，发挥各自的优势。例如，在自动驾驶领域，AI 技术可以实现车辆的自主导航、避免交通事故，但在紧急情况下，人类驾驶员也需要发挥自己的判断和决策能力；在金融领域，AI 可以完成基础的交易和数据分析，但人类专业人士仍然需要进行高级的风险管理和投资决策。

综上所述，AI 的应用对许多职业都可能产生深远的影响，我们需要全面考虑和解决这个问题。在 AI 技术与人类之间的合作中，各自发挥优势，共同推动经济和社会的进步。

# 第 13 章

# AI 与人类命运：人机相依，合作共赢

人工智能（AI）是当今世界上最热门的技术之一。随着技术的迅速发展，AI 已经开始改变我们的生活、工作和社会。然而，AI 的发展也带来了许多问题和挑战，如 AI 是否会让人类失业、AI 是否会影响我们的文化和价值观、AI 是否会威胁人类的存在等。在这种情况下，我们需要重新思考 AI 与人类的关系，寻求合作共赢的路径。

## 从竞争到合作：AI 与人类创造力的补充和发展

在 AI 的早期发展阶段，人们普遍认为 AI 与人类之间存在着竞争关系，AI 将会取代人类的工作。然而，随着技术的发展，人们开始认识到 AI 与人类之间存在着互补和合作关系，AI 可以补

充和增强人类的创造力。

AI 的优势在于它能够处理大量数据和执行重复任务，可以在某些领域取得比人类更好的结果。

在医疗诊断领域，AI 可以协助医生更快速准确地诊断疾病。例如，谷歌 DeepMind 公司开发的 AlphaFold 算法，可以预测蛋白质的三维结构，有助于研究和治疗各种疾病。此外，AI 还可以帮助医生进行诊断和治疗决策。例如，在视网膜病变的诊断中，AI 可以帮助医生提高诊断准确率，同时还可以帮助医生制订更有效的治疗方案。

在制造业领域，工业机器人可以完成重复性、精细性工作，提高生产效率和品质。例如，在手机制造工厂中，机器人可以完成手机的组装和检测等工作，生产效率大大提高。与此同时，人类可以负责监督和管理机器人的工作，确保生产线的顺畅运作。

在金融服务领域，AI 可以协助银行实现精准风控，防范金融风险。例如，中国农业银行利用 AI 技术可以在短时间内对客户进行信用评估和授信审核，提高了贷款的效率和准确性。

除此之外，在教育、文化、艺术等领域，AI 也与人类的合作与创新实践得到了广泛应用。例如，AI 可以帮助老师更好地进行教学和学生评估，协助文化遗产的保护和传承，与音乐家、艺术家合作创作等。

然而，AI 也存在着许多局限性。首先，AI 缺乏情感、道德和创造力等人类特有的能力。人类可以通过创造力、判断力和创新力等方面为 AI 提供指导和监督，使 AI 更好地为人类服务。其次，AI 的应用范围受到限制，特别是在需要复杂思考和逻辑推理的领域，如哲学、文学和社会科学等。AI 缺乏人类理解和创造的深度和广度，因此在这些领域的应用还受到一定的限制。

因此，AI 与人类之间并不是简单的竞争关系，而是一种相互补充和协作的关系。人类和 AI 可以共同发挥各自的优势，共同创造更大的价值。

在艺术领域，AI 和人类的合作可以产生非常有趣和独特的作品。AI 和音乐家的合作可以创造出新的音乐风格和流派，AI 和作家的合作可以创造出更加细腻和丰富的文学作品，AI 和编剧的合作可以创造出更加丰富和有趣的电影和电视剧本。

除了艺术领域，AI 和人类的合作也在科学研究和教育领域得到了广泛应用。例如，在生物医药领域，AI 可以帮助科学家快速分析大量数据，加速药物研发和创新。在教育领域，AI 可以协助教师更好地了解学生的学习进展和需求，提供个性化的学习方案和支持。

值得注意的是，AI 和人类的合作不仅仅是简单的任务分配和协同工作，更是一种深层次的交互。AI 可以提供新的思路和方法，激发人类的创造力和想象力。而人类可以对 AI 的结果进行评估和改进，提高其效率和准确性。AI 和人类的合作不仅可以创造出新的成果和价值，还可以推动领域的发展和创新。

因此，AI 和人类的合作需要建立在平等和互信的基础上，同时需要加强对 AI 技术和应用的监管和规范，确保其符合人类的价值观和利益。只有通过合作和交流，AI 和人类才能实现真正的合作共赢，推动人类社会的进步和发展。

## 从冲突到融合：AI 与人类文化和价值观的交互影响

AI 的发展对人类文化和价值观的影响也备受关注。AI 技术的应用涉及人类的生产、生活、教育、医疗等方方面面，与人类文化和价值观密切相关。AI 和人类的文化和价值观如何交互影响，将决定未来 AI 的发展方向和人类社会的面貌。

### AI 与人类文化的交互影响

文化是人类活动的重要组成部分，包括语言、宗教、艺术、音乐、建筑等方面。随着 AI 技术的发展，AI 也在逐渐融入人类的文化活动中。例如，人工智能音乐创作、艺术创作、文学创作等领域，AI 技术正在发挥着越来越重要的作用。

1）AI 音乐创作可以通过学习和模仿音乐家的音乐风格和技巧，生成新的音乐作品。例如，OpenAI 的 MuseNet 是一个基于 AI 的音乐生成模型，可以生成各种风格的音乐作品。AI 音乐创作不仅能够扩展音乐的创作领域，还能够提高音乐作品的质量和多样性。

2）AI 可以通过学习和模仿艺术家的风格和技巧，生成新的艺术作品。例如，美国艺术家 Robbie Barrat 使用 AI 生成的艺术作品在国际拍卖市场上售出数百万美元。AI 在艺术创作领域的应用，不仅能够创造出新的艺术形式和风格，还能够扩大艺术的受众群体和影响力。

3）AI 可以通过学习和模仿作家的写作风格和语言特点，生成新的文学作品。例如，OpenAI 的 GPT-3 模型可以生成具有逻辑和情感的文本，如新闻报道、小说、诗歌等。AI 在文学创作领域的应用，不仅可以提高文学作品的创作效率和质量，还可以扩大文学作品的受众群体和影响力。

## AI 与人类价值观的交互影响

价值观是人类行为的指导原则，包括道德、伦理、信仰和文化等方面。AI 作为一种智能技术，也会受到人类价值观的影响，并在一定程度上塑造和影响人类价值观的发展。在这种交互影响下，我们需要思考如何确保 AI 的发展符合人类的价值观，以及如何利用 AI 促进人类价值观的进步和发展。

一方面，AI 的发展可能会对人类价值观产生挑战和冲击。例如，AI 的应用可能会引发人类价值观的认知偏差。在 AI 的帮助下，人们可能会更容易接受某些不符合人类价值观的观点或行为，如一个基于 AI 的算法可能会鼓励人们对某些社会群体进行歧视性评价，从而影响人们的价值观和行为。

此外，AI 的发展可能会导致某些价值观和行为方式的失落和被替代。例如，人们可能会越来越依赖 AI 技术来解决问题，而放弃自己的判断和决策能力。这可能会削弱人类价值观中的自主性和独立性，进而对人类文化和价值观产生负面影响。

另一方面，AI 的发展也可以促进人类价值观的进步和发展。例如，AI 可以帮助我们更好地理解和应对一些全球性问题，如气候变化和人类健康。此外，AI 还可以帮助我们更好地保护和传承人类文化遗产，促进不同文化之间的交流和融合。AI 还可以通过对数据的深入分析，为人类社会提供更好的资源利用和环境保护方案。

因此，在 AI 与人类价值观的交互影响中，我们需要思考如何确保 AI 的发展与人类的价值观相一致，并促进人类价值观的进步和发展。这需要我们从以下几个方面入手。

1）我们需要确保 AI 的应用符合人类的价值观和伦理原则。政府、企业和科研机构需要建立相关法规和规范，以确保 AI 的应用不会对人类价值观造成负面影响，并避免产生伦理问题和安全隐患。

2）我们需要加强 AI 与人类之间的交互与合作，以促进人类文化和价值观的传承和发展。例如，通过 AI 技术对文化遗产的保护和传承，我们可以将文化作品数字化并保留下来，以供后代研究和欣赏。同时，也可以利用 AI 技术来翻译、解读和传播不同文化之间的交流和理解，促进文化多样性的交流与融合。

3）我们需要思考如何在 AI 的发展中保护和维护人类的基本

价值观。例如，AI 的决策和行为是否符合道德和伦理原则，是否符合社会的公平和正义。为此，需要建立透明、负责任和可靠的 AI 监管和治理机制，确保 AI 技术的使用和发展不会违背人类的价值观和利益。

总之，AI 技术的发展将不可避免地影响人类的文化和价值观。我们需要全面认识和理解这些影响，并采取相应的措施来保护和维护人类的基本价值观。只有在 AI 与人类的合作与交互中，我们才能更好地应对这些挑战，实现 AI 与人类的共同发展与繁荣。

## 从理念到现实：AI 与人类创造力的合作和创新实践

随着人工智能技术的快速发展，越来越多的人开始关注 AI 与人类创造力的合作和创新实践。AI 与人类的合作创新可以创造更多的价值，让人类从中受益。本节将简单探讨 AI 与人类创造力的合作与创新实践。

### AI 与人类创造力的融合

在 AI 的发展中，一个重要的方向是与人类创造力的融合。

这种融合可以带来更高效、更精确、更创新的创造力。例如，在艺术领域，AI 已经可以创造出令人惊叹的作品，比如 GAN（生成式对抗网络）可以生成逼真的照片、视频和音频。在设计领域，AI 可以协助设计师进行设计和评估，从而提高设计的质量和效率。

此外，AI 也可以促进人类创造力的发展和提高。通过与 AI 的交互，人类可以获得更多的灵感和创意。例如，AI 可以分析音乐作品的结构和元素，为音乐创作者提供灵感和想法。AI 还可以模拟不同的设计方案，为设计师提供多样性的想法和视角。

## AI 与人类创造力的合作

AI 与人类创造力的合作已经在多个领域得到了应用。这种合作可以让人类与 AI 的优势互补，从而创造出更加创新和高效的作品。例如，在制造业中，人类可以负责监督和管理机器人的工作，AI 可以提供精确的预测和优化方案，从而提高生产效率和质量。在医疗领域，医生可以与 AI 算法合作，共同完成诊断和治疗决策，提高医疗水平和效率。

在艺术领域，AI 和人类的合作可以产生非常有趣和独特的作品。例如，谷歌的 Magenta 项目是一个探索 AI 在音乐创作中应用的研究项目。该项目开发了一个名为“Magenta Studio”的工具包，它可以让音乐家与 AI 进行即兴创作，探索出新的音乐风格和流派。此外，该项目还开发了一些基于 AI 的音乐生成模型，如“Magenta Music Transformer”，它可以自动生成新的音乐作品，并提供给音乐家参考和改进。AI 和音乐家的合作不仅创造出了新的音乐作品，也推动了音乐创作的技术和方法的发展；另外一个例子是“Portrait AI”，一个由美国艺术家罗比 · 巴伦（Robbie Barrat）开发的项目。该项目使用 AI 算法生成艺术家的肖像画，并将其与传统艺术家的肖像画进行对比和分析。AI 和艺术家的合作不仅创造出了新的艺术表现形式，也促进了艺术品质量和审美标准的提升。

在电影和电视剧领域，AI 技术也被广泛应用。例如，Netflix 的“机器人剧本学院”项目使用 AI 技术自动生成电视剧本，并由人类编剧进行改进和完善。这样的合作不仅创造了更多的影视作品，也提高了影视作品的创新和质量。

AI 和人类的合作不仅可以创造出新的艺术和文化作品，还可以在教育和科学研究领域发挥重要作用。例如，在教育领域，AI 可以帮助教师根据学生的学习情况和需求提供有针对性的教育资源和指导，实现个性化教学。在科学研究领域，AI 可以帮助科学家分析大量的数据和信息，发现新的科学规律，促进科学研究的突破和创新。

总之，AI 与人类的合作和创新实践在艺术、文化、教育、科学研究等领域都有着广泛的应用和重要的作用。这种合作不仅可以创造出新的作品和成果，还可以提高作品的质量和审美标准，促进领域的发展和创新。AI 和人类的合作是人机相依、合作共赢的关系，只有通过合作和交流，才能实现更好的创造力和创新性。

因此，我们需要继续加强 AI 技术的研究和发展，同时也需要重视人类的创造力和价值观，促进 AI 与人类的合作和融合，实现人机共生，共同推动人类社会的进步和发展。

# 结　语

## 拥抱 AI，未来已来

本书不仅仅讲述了 ChatGPT 的技术原理、应用场景和未来发展趋势，更重要的是要让读者深刻理解人工智能背后的人文价值和重要意义。

聊天机器人不再只是简单的机器学习模型，它已经成为人类与人工智能交互的窗口，展示出无穷的创造力和智慧。随着科技的不断进步，人工智能的发展不仅仅是技术的发展，更是人类文明的发展。

在未来，ChatGPT 将继续发挥着无与伦比的作用。它将在科技、商业、医疗、教育等各个领域发挥重要作用，为人类社会的进步和发展贡献力量。同时，它也将面临更多的挑战和责任。

在不断完善和优化技术的同时，我们也应该更加关注人工智能的人文价值和社会责任。我们应该思考如何让 ChatGPT 真正服务于人类的需求，如何避免其带来的负面影响，如何让人机共存、合作共赢。

广大读者也应该意识到自己在这个时代的重要性。我们不仅需要学习和掌握新技术，更需要思考和探讨人工智能与人类社会的关系，以及如何让它更好地服务于人类的生活和工作。

在本书出版过程中，GPT4 模型已经发布，ChatGPT 变得更加强大。它将拥有多模态能力，可以接受图像输入并理解图像内容，可接受的文字输入长度也增加到约 2.4 万个单词。

让我们一起拥抱人工智能，开启未来的新篇章！